Oldenbourgs

Technische Handbibliothek

Band XXI:

Fabrikbeleuchtung

von

Dr.-Ing. N. A. Halbertsma

München und Berlin 1918

Druck und Verlag von R. Oldenbourg

Fabrikbeleuchtung

Ein Leitfaden der Arbeitsstättenbeleuchtung
für Architekten, Fabrikanten, Gewerbehygieniker,
Ingenieure und Installateure

von

Dr.-Ing. N. A. Halbertsma

Mit 122 Textabbildungen

München und Berlin 1918
Druck und Verlag von R. Oldenbourg

By

Inhaltsverzeichnis.

Inhaltsverzeichnis. **VII**

Einleitung.

Anderen Zweigen der Technik gegenüber nimmt die Lichttechnik insofern eine eigenartige Stellung ein, als neben mathematischen und physikalisch-technischen Problemen auch Fragen aus dem Gebiete der Physiologie und der Psychologie bei ihr auftauchen. Die Lichttechnik ist nicht eine bloße Strahlungstechnik, sie hat auch den Eindruck zu berücksichtigen, den diese Strahlung im Auge und Gehirn auslöst, und durch den sie erst als »Licht« empfunden wird.

Anderseits gibt es aber auch keine Technik, die in solchem Maße jeden Menschen, sei er Fachmann oder Laie, interessieren sollte, weil die Beleuchtung ein Lebensbedürfnis ist. Die üblichen Vorstellungen von Licht und Beleuchtung sind aber oberflächlich und verworren, wenn die Beleuchtungsfrage nicht überhaupt als unwesentlich zur Seite gelegt wird. Dadurch fehlt die klare Einsicht in die einfachsten Grundlagen der Lichttechnik, die wir täglich anwenden könnten und sollten. Zum Teil muß dieses auch, worauf Monasch[1]) hingewiesen hat, der Vernachlässigung des lichttechnischen Unterrichtes, sowohl an den höheren wie an den mittleren technischen Lehranstalten, zugeschrieben werden.

So fehlen dann auch dem Ingenieur bei Entwurf, Ausführung und Betrieb von Beleuchtungsanlagen gewöhnlich jene Grundlagen der Lichttechnik, die zu einer befriedigenden Lösung dieser Aufgaben erforderlich sind. Sich auf allgemeine technische Kenntnisse zu verlassen, führt nur ausnahmsweise zum Erfolg, da die Lichttechnik sich hierfür in wesentlichen Punkten zu sehr von anderen Zweigen der Technik unterscheidet. Bildet das »Gefühl« nebst einigen unverstandenen

und daher gefährlichen Faustregeln das einzige Rüstzeug für
lichttechnische Arbeiten, so gelangt man höchstens auf dem
Umweg wiederholter, zeitraubender und teurer Versuche
zum Ziel. Mehr noch als bisher steht der Maschinentechniker
durch die Erweiterung und Neueinrichtung der Fabriken, sowie
durch die Ausdehnung der Nachtschichten vor der Aufgabe,
Fabrikräume und Fabrikanlagen zweckmäßig zu beleuchten. Eine zusammenfassende Darstellung der zur Fabrikbeleuchtung gebrauchten Lichtquellen und ihrer Zubehörteile,
der verschiedenen Anordnung der Beleuchtungsanlagen, sowie
ihrer Projektierung und Unterhaltung dürfte geeignet sein,
dem Techniker diese Aufgaben zu erleichtern. Da die Fabrikbeleuchtung das typische Beispiel der »Nutzbeleuchtung«
ist, kann das vorliegende Buch auch den Architekten und In-
stallateur in Beleuchtungsfragen beraten.

Frankfurt a. M., Dezember 1917.

N. A. Halbertsma.

Kapitel I.

Beleuchtung und Arbeitsleistung.

§ 1. Der unmittelbare Einfluß der Beleuchtung auf die Arbeitsleistung.

Trotz aller Fortschritte, welche die letzten Jahre in bezug auf Werkstattstechnik, Organisation der Arbeit und verbesserte Betriebsführung gebracht haben, hat man den Einfluß der Beleuchtung auf die Leistungsfähigkeit des Arbeiters kaum beachtet. Diese Verminderung der Arbeitsleistung bedeutet eine Verschwendung, da sie nicht etwa der Erholung des Arbeiters zugute kommt. Sie macht sich vielmehr durch eine geringere Produktion geltend. Wenn dieser Einfluß ungenügender oder mangelhafter Beleuchtung sich nicht auffallender bemerkbar macht, so liegt das darin begründet, daß die Beleuchtung nicht der einzige Faktor ist, der auf die Leistungsfähigkeit des Arbeiters und des ganzen Betriebes einwirkt. Änderungen der Arbeitsmethoden, unrationelle Arbeitsverteilung, mangelnde Aufsicht, Schwankungen in dem Beschäftigungsgrad machen ebenfalls ihren Einfluß geltend. In einem Betriebe, in welchem zu besonderen diesbezüglichen Versuchen keine Zeit und kein Geld zur Verfügung stehen, fehlt die Möglichkeit, den Einfluß der verschiedenen Faktoren auf die Arbeitsleistung getrennt zu ermitteln. In vielen Industrien würden allerdings die Kosten derartiger Versuche durch die Ergebnisse reichlich gedeckt werden. Es ist ferner zu berücksichtigen, daß die Schuld für die Verringerung der Leistung hauptsächlich bei der künstlichen Beleuchtung liegt, da diese gewöhnlich weit mangelhafter ist als die natürliche Beleuchtung. Die künstliche Beleuchtung wird bei normalem Tagesbetrieb im Sommer kaum und im Winter nur in einem Teil der Vor- und Nachmittagsstunden benutzt. Es ist nun aus technischen Gründen sehr schwer, innerhalb einer Schicht den Einfluß einer mangelhaften künstlichen Beleuchtung nachzuweisen. Weil er sich auf die ganze Tagesschicht verteilt, ist er schwer bemerkbar. In den Nachtschichten wird zwar ausschließlich bei künstlicher Beleuchtung gearbeitet, doch werden die Verhältnisse hier durch andere Faktoren, wie die Ermüdung der Arbeiter, mangelhafte Aufsicht u. dgl. verschleiert.

Wenn der Einfluß schlechter Beleuchtung auf die Leistungsfähigkeit des Arbeiters auch dringend der systematischen Erforschung bedarf, so liegen doch schon Angaben vor, die zu weiteren Untersuchungen anregen. Eshleman[2]) berichtet z. B. von der Abnahme der Menge und der Güte der Arbeit in einer Spulenwickelei. In den Nachtschichten wurden nur 55% der Spulen hergestellt, von denen bei der Isolationsprobe 10 bis 15% versagten, gegen nur 5% Ausschuß der am Tage gewickelten Spulen. Wilson[3]) berichtet von einer Abnahme der Produktion um 12 bis 20% bei künstlicher Beleuchtung, während nach Ritchie[3]) die Verbesserung der Beleuchtung eine Steigerung des im Akkord erarbeiteten Lohnes um 11,4% herbeiführte. Eshleman gibt[2]) die Verbesserung der Produktion durch bessere Beleuchtung auf 2 bis 10% an. Die erste Zahl gilt für Stahlwerke, letztere für Webereien und Schuhfabriken. Bei diesen Zahlen ist zu beachten, daß sie sich auf die Gesamtproduktion beziehen.

Dieser nachteilige Einfluß mangelhafter Beleuchtung bedeutet eine schwere Schädigung der Volkswirtschaft, denn die Anlage- und Betriebskosten für eine zweckmäßige und reichlichere Beleuchtung, die diesen Einfluß wesentlich verringern kann, betragen nur einen Bruchteil von den Beträgen, die durch unvollständige Verwertung der Arbeitskräfte und der Fabrikeinrichtungen verlorengehen. Besondere Bedeutung erlangen diese Fragen jedoch in einer Zeit, wo durch die Anforderungen an die Industrie Nachtschichten zur Regel geworden sind, und wo auch sonst alles darauf gerichtet ist, mit den vorhandenen Arbeitskräften und Einrichtungen die Höchstleistung zu erzielen.

In welcher Weise die Beleuchtung auf die Leistung des Arbeiters einwirkt, zeigt folgende Überlegung.

Bei einer Beleuchtungsstärke von dem Werte 0, d. h. bei vollständiger Dunkelheit, ist die Leistungsfähigkeit auch 0, wenn es sich nicht um eine vollständig automatische Tätigkeit handelt, bzw. um eine solche, die auch von einem Blinden ausgeführt werden kann. Anderseits gibt es gewisse Beleuchtungsverhältnisse, bei denen eine Arbeit am raschesten und besten ausgeführt werden kann. Abgesehen von anderen später zu erwähnenden Anforderungen, die an die Beleuchtung gestellt werden müssen, gehört eine gewisse Beleuchtungsstärke zu diesem Höchstwert der Leistungsfähigkeit. Eine weitere Steigerung der Beleuchtungsstärke wird keine günstigeren Arbeitsverhältnisse mehr schaffen. Das ist z. B. der Fall bei den außerordentlich hohen Beleuchtungsstärken der unmittelbaren Sonnenstrahlung im Sommer, bei denen das Auge unter der von dem Werkstück oder von der Arbeitsfläche zurückgestrahlten Energie (sowohl Licht als Wärme) zu leiden hat. Das Auftreten dieser übermäßigen Beleuchtungsstärke und der durch sie erzeugten Art der Blendung des Auges ist bei der künstlichen Beleuchtung weniger häufig, man trifft dort eher auf die Blendung durch nackte Lichtquellen, sowie auf eine ungenügende Beleuchtungsstärke.

Bei einem Anwachsen der Beleuchtungsstärke von dem Mindestwert*), bei dem die Arbeit gerade verrichtet werden kann, auf den oben erwähnten Höchstwert, wird auch die Leistungsfähigkeit bei jeder von dem Sehvorgang abhängigen Arbeit ansteigen. Von verschiedener Seite[4]) ist dieser Verlauf für eine verhältnismäßig einfache Arbeitsform, für das Lesen, untersucht worden. (Vgl. Abb. 1 nach Richtmyer). Dabei stellten sich, wie das bei Versuchen physiologisch-psycholo-

---

*) Nach Katz, Klin. Monatsblätter f. Augenheilkunde 35. 352. 1897, ist dieser Wert etwa $1/_{25}$ von der Beleuchtungsstärke, bei der die betr. Arbeit auf die Dauer ohne Ermüdung des Auges ausgeführt werden kann.

gischer Natur infolge individueller Unterschiede stets der Fall
ist, zwar wesentliche Verschiedenheiten heraus, die aber doch
erkennen lassen, daß von einem Mindestwert der Beleuchtungsstärke an die Geschwindigkeit des Lesens zunächst rasch zu-
nimmt, um dann langsamer einem Höchstwert zuzustreben.

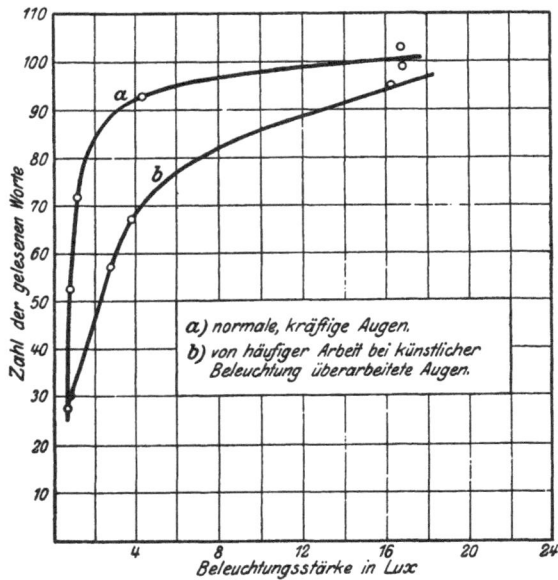

Abb. 1.

Diese Ergebnisse sind der Kurve in Abb. 2 zugrunde-
gelegt, welche den der Arbeitsleistung entsprechenden Wert
in Abhängigkeit von der Beleuchtungsstärke darstellt[5]).
Trägt man in diese Kurve als wagrecht verlaufende Gerade
den auf einen Arbeiter entfallenden Anteil an den allgemeinen
Produktionskosten ein, und darüber die der Beleuchtungsstärke ungefähr proportionalen Unkosten der künstlichen
Beleuchtung als sanft ansteigende Gerade, so stellt die schraf-
fierte Ordinatendifferenz dieser Kurven den Verlust, bzw. Gewinn dar, welcher dem Betriebe aus der Tätigkeit des Arbeiters
erwächst. Zunächst ist dieser Verlust sehr erheblich, es kommt

dann der Punkt, in dem sich der Wert der Arbeit und die Unkosten die Wage halten. Oberhalb dieses Punktes setzt erst
der Gewinn aus der Fabrikation ein. Der größte Gewinn tritt
etwas eher auf als der Höchstwert der Arbeitsleistung, nämlich
in dem Augenblick, wo die Steigung der Leistungskurve weniger
rasch erfolgt als die der Geraden, welche die Unkosten der
Beleuchtung darstellt (L_{max}).

Cohn, der als erster 1885 Versuche über die zweckmäßigste
Beleuchtungsstärke durch Leseproben anstellte, kam zu dem
Ergebnis, daß eine Beleuchtung in der Stärke von etwa
60 Lux für einen Arbeitsplatz erwünscht sei. Dieser Wert

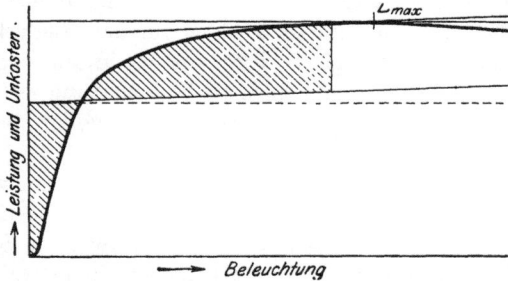

Abb. 2.

hat lange Zeit als Grundlage für die Anforderungen an Beleuchtungsanlagen gedient und wird auch heute noch benutzt,
trotzdem die Lichtquellen seitdem eine rasche Entwicklung
durchgemacht haben. Neuere Arbeiten auf diesem Gebiet,
unter Berücksichtigung der Verhältnisse in modernen Beleuchtungsanlagen, sind im wesentlichen in Amerika ausgeführt
(z. B. in der physiologischen Abteilung des Nela-Laboratoriums[6])
in Cleveland). Da derartige Arbeiten in Europa oft mit Lichtquellen und Beleuchtungssystemen ausgeführt werden, die
technisch längst veraltet sind, ist es eine Aufgabe der Beleuch-
tungstechnischen Gesellschaften*), die fehlende Fühlung
zwischen Physiologie und Technik herzustellen. Sie können die

---

*) Deutsche Beleuchtungstechnische Gesellschaft (Charlotten-
burg), ferner: Illuminating Engineering Society (New York), Illuminating Engineering Society (London).

Arbeiten anregen, welche die Entwicklung der Technik erforderlich macht, und anderseits deren Ausführung durch ihre
technischen Hilfsmitel erleichtern.

Gegen die Verallgemeinerung der Cohnschen Ergebnisse
und anderer Versuche muß gewarnt werden. Es gibt Arbeiten,
für die eine Beleuchtung von 60 Lux reichlich ist, während
andere eine wesentlich stärkere Beleuchtung erfordern. So
genügen 60 Lux z. B. für eine ganze Reihe sog. Fein- oder Nah-
arbeiten nicht. Der Goldarbeiter, der Graveur, der Litho-
graph, der Uhrmacher, die Näherin und die Stickerin und
viele andere brauchen eine wesentlich stärkere Beleuchtung,
um bei der Ausführung ihrer Arbeit nicht behindert zu sein.
Snellen betonte schon in 1896, als er für das Niederländische
Arbeiterschutzgesetz (vgl. S. 166) ein Minimum von 15 Lux
vorschlug, daß eine viel stärkere Beleuchtung erforderlich
sei, wenn das Auge auf die Dauer mit voller Sehschärfe
arbeiten soll.

Es spielt ferner die Farbe, bzw. das Reflexionsvermögen
des verarbeiteten Materials eine wichtige Rolle. Die Erfahrung
bestätigt, daß die Näharbeit an einem schwarzen Stoff eine
stärkere Beleuchtung erfordert, als die an einem weißen oder
hellfarbigen Stoff. Walsh[7]) fand, daß er ein feines Muster
auf Papier von 80 bis 3,5% Reflexionsvermögen (von weiß
über verschiedene Schattierungen von grau bis zu schwarz)
gleich gut unterscheiden konnte, wenn die Beleuchtungsstärke
dem Reflexionsvermögen umgekehrt proportional war. Es
kommt somit weniger an auf das Licht, welches auf den Ar-
beitsgegenstand auftrifft, als auf das Licht, welches von
diesem zurückgeworfen wird. Durch das von ihnen reflektierte Licht werden die Gegenstände unserem Auge überhaupt
erst sichtbar.

§ 2. Der mittelbare Einfluß der Beleuchtung auf die Arbeitsleistung.

Mittelbar wird bei mangelhafter Beleuchtung die Leistungsfähigkeit noch in verschiedener Weise beeinflußt. Wenn durch
das Suchen nach Werkzeugen, durch die Wiederholung un-
nötiger Handgriffe in jeder Stunde nur eine Minute verloren

geht, übersteigt dieser Verlust schon die Kosten einer reichlichen Beleuchtung. Besonders ist dies bei der Bedienung teurer Werkzeugmaschinen der Fall, bei denen Abschreibung und Verzinsung neben der Lohnsumme und den allgemeinen Unkosten von Bedeutung sind. Durch unvollkommene Beleuchtung wird außerdem die Menge des Ausschusses bei der Fabrikation zunehmen. Dieses kann man wiederholt während der Nachtschichten beobachten. Wichtige große Stücke werden bei der Bearbeitung auf der Werkzeugmaschine am ehesten während der Nacht verdorben. Inwiefern das der geringeren Aufmerksamkeit des ermüdeten Arbeiters zuzuschreiben ist, oder dem Umstand, daß ungenügende Beleuchtung die Übersicht über die ganze Maschine behindert, ist noch nicht festgestellt. Bei der Untersuchung solcher Fälle (ein gleiches gilt auch für Unfälle) sollte man stets sofort den Beleuchtungsverhältnissen nachgehen. Reichliche Beleuchtung wird schon durch den psychologischen Einfluß auf den Arbeiter eine etwaige Ermüdung weniger hervortreten lassen, sie regt an und hält den Arbeiter auch in solchen Fällen wach, wo er sonst im Halbdunkel einer durch wenige kleine Lampen beleuchteten Werkstatt vielleicht bei seiner Maschine einschlafen würde. Man hat die Wirkung reichlicher (dabei aber nicht blendender!) Beleuchtung mit der eines Reizmittels verglichen, dem schädliche Nebenwirkungen jedoch fremd sind. Auf Frauen soll die Beleuchtung, wenn reichlich und richtig angewandt, in noch höherem Maße anregend wirken. Zu einer Zeit, in der Frauenarbeit in einem großen Umfang in der Industrie Verwendung findet, und zwar auch in den Nachtschichten, verdient diese durch die größere psychische Empfindlichkeit der Frau erklärliche Erscheinung volle Beachtung.

Solange man nicht überhaupt darauf verzichten kann, die Arbeiter zu beaufsichtigen, wird jeder Umstand, der diese Aufsicht erschwert, seine Folgen in Form einer geringeren Arbeitsleistung zeigen. Durch die auf Einzellampen beschränkte Arbeitsplatzbeleuchtung ist bei größeren Werkstätten eine wirksame Beaufsichtigung gar nicht durchzuführen. Ist dagegen für eine gute Allgemeinbeleuchtung gesorgt und der Überblick über den Raum nicht durch Lampen behindert, die sich gerade im Gesichtsfelde des Meisters befinden, so wird die Werkstätte jederzeit leicht beaufsichtigt werden können.

Berücksichtigen wir die mannigfaltige Art und Weise, in der mangelhafte Werkstattbeleuchtung einen schädlichen Einfluß auf die Produktion ausüben kann, so entbehrt die Behauptung Eshlemans nicht einer gewissen Berechtigung, wonach für jeden Betrieb erforderlich sind:

1. gute Arbeitskräfte,
2. gute Maschinen,
3. gute Beleuchtung.

Fehlt eine derselben, führt er aus, so sind die beiden anderen ebenfalls wertlos.

Kapitel II.
Die Beleuchtungshygiene.

Während der Einfluß der Beleuchtung auf die Leistungsfähigkeit des Arbeiters eine Angelegenheit ist, die der Ar-
beitgeber in erster Linie von wirtschaftlichen Gesichtspunkten aus betrachten wird, haben die Fragen der Beleuchtungshygiene und der Unfallverhütung für den
Arbeiter selbst das größte Interesse. Allerdings bedeutet
jede Einbuße an körperlicher Arbeitsfähigkeit durch die Schädigung seiner Augen oder durch einen Unfall nicht nur für
den Arbeiter einen Schaden, indem sie ihm den Erwerb erschwert oder unmöglich macht, sondern auch für die gesamte
Volkswirtschaft.

In das Gebiet der Beleuchtungshygiene fallen alle Erscheinungen, die eine Schädigung des Auges durch Licht
bewirken können. Es kommen vor:

a) ungenügende Beleuchtung,
b) periodische Schwankungen der Beleuchtungsstärke,
c) die Blendung durch große Flächenhelle (Glanz) und
   durch starke Kontraste,
d) die Einwirkung schädlicher Strahlengattungen auf
   das Auge.

§ 3. Die Wirkung ungenügender Beleuchtung.

Wenn die Kurzsichtigkeit auch nicht auf ungenügende
Beleuchtung als ausschließliche Ursache zurückgeführt werden
kann, so gilt doch die Überanstrengung und zu große
Annäherung des Auges bei mangelhafter Beleuchtung

als mitwirkende Ursache der sog. gewerblichen Kurzsichtigkeit. Diese tritt nach Koelsch[8]) in folgendem Umfang auf:

Landwirte, Knechte, Kutscher . . . . .   3— 5%
Taglöhner, Fabrikarbeiter . . . .   4— 6 »
Uhrmacher . . . .   10—18 »
Goldarbeiter . . . .   11—46 »
Graveure. . . . .   16—33 »
Mechaniker . . . .   18—25 »
Schriftsetzer . . . .   42—51 »

Die sog. Nah- und Feinarbeiten gefährden das Auge
in besonderem Maße. Bei ihnen benötigt das Auge die volle
Sehschärfe. Da diese aber erst bei höherer Beleuchtungs-
stärke erzielt wird, erleidet bei schwacher Beleuchtung die
Sehschärfe eine Einbuße, die der Arbeitende dadurch auszu-
gleichen sucht, daß er sein Auge der Arbeit nähert. Das im
Auge entstehende Bild wird hierdurch größer, so daß Einzel-
heiten besser erkannt werden. Man verwendet dieses für das
Auge bedenkliche Hilfsmittel unwillkürlich, z. B. auch zum
Lesen bei ungenügender Beleuchtung.

Eine übermäßige Anstrengung und Ermüdung der Augen-
muskeln ist hiervon die Folge, und neben der Begünstigung
der Kurzsichtigkeit treten andere subjektive Beschwerden
(Kopfschmerzen, Brennen der Augen) auf.

Wird in Fabriken und Werkstätten Feinarbeit ausgeführt,
so ist deshalb auf eine reichliche Beleuchtung, sowohl bei Tag
als am Abend, besonderer Wert zu legen.

Durch die Entwicklung der Lichtquellen, die eine entsprechende Verbilligung der Lichterzeugung mit sich gebracht
hat, sind die Fälle ungenügender Beleuchtungsstärke weniger
zahlreich geworden, wenn sie auch keineswegs verschwunden
sind. Es ist jetzt weniger Sparsamkeit als Nachlässigkeit des
Arbeitsgebers und oft auch des Arbeiters, die eine wirklich
unzureichende Beleuchtungsstärke zu verschulden pflegt.
Ihr kann sowohl durch eine größere Lichterzeugung (Verwendung größerer Lichtquellen) als auch durch eine vermehrte
Heranziehung des zurückgeworfenen Lichtes (weiße Wände
und Decken) abgeholfen werden.

§ 4. Beleuchtungsschwankungen.

Mit der Änderung der Beleuchtungsstärke im Gesichtsfelde ändert sich auch der in das Auge tretende Lichtstrom. Die Pupille ist stets bestrebt, diese Schwankungen durch ihre Verengung bzw. Erweiterung etwas auszugleichen, während vor allem die Netzhaut des Auges selbst sich den großen Unterschieden des auf ihn treffenden Lichtstromes anpassen kann. Bei dem Übergang von dunklen Innenräumen ins Freie vermag sich das Auge so den großen Änderungen der Beleuchtung anzupassen, wenn ihm eine gewisse Zeit hierzu gelassen wird. Der plötzliche Übergang ist dagegen dem Auge stets peinlich.

Gehen Änderungen der Beleuchtungstärken plötzlich und wiederholt vor sich, so ermüdet das Auge rasch. Deshalb wird jede zeitliche Ungleichförmigkeit der Beleuchtung störend empfunden. In welchem Maße das der Fall ist, hängt ab von der Größe der Änderungen, von ihrer Geschwindigkeit und von ihrer Häufigkeit[9]).

Ändert sich die Beleuchtung in weiten Grenzen oder gar von ihrem vollen Wert auf Null und umgekehrt, so ist die Beleuchtung gänzlich unverwendbar, wenn diese Änderungen nicht mindestens 20 bis 30 mal in der Sekunde vor sich gehen. Gewöhnlich ist die Größe der Schwankungen geringer, je nach ihrer Ursache. Sie können z. B. durch Spannungsschwankungen bei starkbelasteten Leitungsnetzen mit Motoranschluß veranlaßt werden. Bei den Metallfadenlampen entspricht einer Änderung der Spannung von $\pm 5\,\%$ schon eine Änderung von $\pm 20\%$ in dem erzeugten Lichtstrom und damit auch in der Beleuchtung. Findet eine derartige Änderung ausnahmsweise in größeren Zeitabständen statt, so ist sie noch erträglich, nicht aber, wenn sie sich in kurzen Zeitabständen, sei es regelmäßig oder unregelmäßig, wiederholt.

Die gleiche Erscheinung tritt auch bei der Gasbeleuchtung auf, beim Betrieb eines Gasmotors von demselben Rohrstrang ohne Druckregler, oder bei falscher Einstellung eines Gasglühlichtbrenners. Offene Gasflammen, die in rauhen Betrieben vereinzelt noch vorkommen, zeigen ebenfalls ein

Flackern. In derartigen primitiven Anlagen darf man allerdings eine besondere Beachtung der Beleuchtungshygiene nicht erwarten.

Die der Wechselzahl des Stromes entsprechenden Schwankungen der Lichtstärke von Wechselstromlampen machen sich erst dann störend bemerkbar, wenn die Periodenzahl unter 25/Sek. fällt. So ist es z. B. in Werkstätten von elektrischen Wechselstrombahnen mit der Periodenzahl 15/Sek. nicht möglich, die Beleuchtungsanlage ohne Ausgleichsvorrichtungen (z. B. Synchronmotor-Generatorgruppen) von dem Wechselstromnetz aus zu versorgen. Bei den üblichen Periodenzahlen von 40 bis 50/Sek. macht sich eine Ungleichförmigkeit der Beleuchtung dem Auge überhaupt nicht mehr bemerkbar; es sei denn, daß dieses rasche Bewegungen von Maschinen u. dgl. zu verfolgen hat, wobei die störende Zerlegung bewegter Teile in mehrere aneinandergrenzenden Bilder und stroboskopische Erscheinungen (Rücklaufen von Rädern) auftreten. Bogenlampen zeigen diese Schwankungen bei Wechselstrom besonders deutlich, und zwar Reinkohlenlampen mehr als Effektlampen und Lampen mit vertikal übereinanderstehenden Kohlen mehr als solche, bei denen beide Kohlen V-förmig nach unten gerichtet sind. Von den Glühlampen sind Metallfadenlampen mit sehr dünnen Drähten in dieser Hinsicht empfindlich, Gasfüllungslampen, besonders solche für hohe Stromstärke, weniger. In Drehstromanlagen niedriger Periodenzahl läßt sich durch gleichzeitige Verwendung dreier Glühlampen zwischen den verschiedenen Phasen eine gleichbleibende Beleuchtung erzielen, wobei es allerdings erforderlich ist, die drei Glühlampen in eine lichtstreuende Glocke (aus Opalüberfangglas) einzuschließen.

Eine weitere Ursache für recht unangenehme Schwankungen der Beleuchtung in selbständigen, kleineren Gleichstromanlagen kann ein zu großer Ungleichförmigkeitsgrad der Antriebsmaschine (Dampfmaschine, Gas- oder Ölmotor) sein. Hier hilft nur eine Vergrößerung der Schwungradmasse oder die Verwendung einer Akkumulatorenbatterie für die Lichtversorgung.

§ 5. Die Blendung des Auges.

Durch die Entwicklung der künstlichen Lichtquellen ist die Blendung des Auges zu einer ebenso wichtigen Frage der Beleuchtungshygiene geworden wie die ungenügende Beleuchtungsstärke. Ist doch die Art der Anwendung der Lichtquellen vielfach so geblieben, wie sie bei den offenen Gasflammen und den alten Kohlenfadenlampen üblich war, während sich infolge der höheren Glühtemperatur, der wir hauptsächlich die Zunahme der Wirtschaftlichkeit verdanken, die Flächenhelle (oder nach alter Bezeichnung der Glanz) der Lichtquellen außerordentlich gesteigert hat. Die hohe Flächenhelle ist aber in erster Linie verantwortlich für jene das Sehen beeinträchtigen-den und das Auge er-müdenden Erscheinun-gen, die wir unter dem Begriff der Blendung zusammenfassen. Tritt diese Blendung in hohem Maße auf (beim Sehen in die Sonne oder in den elektrischen Licht-bogen), so kann sie dau-ernde Schädigungen des Auges zur Folge haben.

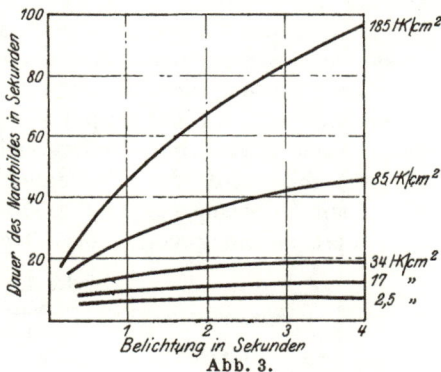

Abb. 3.

Aber auch in geringeren Graden stellt die Blendung eine übermäßige Beanspruchung des Auges dar, die sich in verschiedener Weise sehr störend bemerkbar macht. Hat das Auge auch nur kurze Zeit in eine nackte Lichtquelle gesehen, so bleibt ein Nachbild bestehen, wenn das Auge geschlossen wird oder in eine andere Richtung blickt. Die Dauer des Nachbildes richtet sich, wie Abb. 3 nach Luckiesh[10]) zeigt, sowohl nach dem Glanz der Lichtquelle als auch nach der Dauer der Einwirkung auf das Auge. Bis das Nachbild verschwunden ist, vermag das Auge nur unvollkommen andere Gegenstände zu sehen. Für einen großen Teil sind ferner Erscheinungen, wie die Ermüdung des Auges, Kopfschmerzen usw., die beim Arbeiten mit Kunstlicht auftreten, auf die Blendung zurückzuführen. Die Blendung durch übermäßige Flächenhelle steht in enger Verbindung mit der Kontrastblendung. Von wenigen Ausnahmen abgesehen, weisen künstliche Beleuchtungsanlagen erheblich größere Kontraste auf als solche mit natürlicher Beleuchtung. Die Flächenhelle der Wände eines Raumes mit reichlicher künstlicher Beleuchtung liegt zwischen 0,001 und 0,00001 HK/cm², so daß bei Verwendung einer nackten Metallfadenlampe von 200 HK/cm² die Kontraste zwischen 200000 : 1 und 20000000 : 1 liegen. Dabei genügt ein Kontrast von 10 : 1, um Druckbuchstaben als schwarz auf weißem Grund erscheinen zu lassen. Starken Kontrasten vermag sich das Auge dann anzupassen, wenn der Übergang allmählich stattfindet (z. B. vom Tag zur Nacht), dagegen nicht, wenn der Übergang schroff ist, oder wenn die Kontraste im Gesichtsfeld des Auges selbst liegen.

Die Regelung des in das Auge tretenden Lichtstroms durch die Änderung der Pupille darf nicht überschätzt werden. Nach Nutting[11]) ändert sich der Durchmesser sehr langsam mit steigender Flächenhelle des Gesichtsfeldes, so daß einem Übergang von 1 : 100000000 nur eine Verkleinerung der Pupillenöffnung von 1 bis 10 entspricht. (Tab. 1).

Tabelle 1.

Flächenhelle *)	Durchmesser der Pupillenöffnung	Fläche in mm²
0,00001	6,9	37,4
0,0001	5,8	26,4
0,001	5,0	19,6
0,01	4,3	14,0
0,1	3,8	11,3
1	3,3	8,5
10	2,9	6,6
100	2,5	4,9
1000	2,2	3,8

Infolge des größeren Kontrastes blendet eine Glühlampe in dem Gesichtsfeld mit dunklem Hintergrund viel stärker

*) Die Einheit der Flächenhelle ist in diesem Falle das »Millilambert« (ML). 1 ML = 0,00035 HK/cm².

als mit weißem Hintergrund. Die Blendung wird aber erst
dann ganz aufhören, wenn die Glühlampe selbst dem Blick
entzogen ist. Bis dann die von ihr beleuchtete Wand selbst
blendend wirkt und zwar nicht durch Kontrast (da dieser
nicht mehr vorhanden ist) sondern durch den absoluten Wert
der Flächenhelle, muß noch eine wesentliche Steigerung der
Beleuchtungsstärke auf etwa das Hundertfache der üblichen
Werte erfolgen. Von der vollen Sonne beschienene weiße
Flächen sind ein Beispiel für diesen Fall der Blendung, der
eigentlich nur bei der Fabrikbeleuchtung durch Tageslicht
vorkommt, wenn keine Maßnahmen gegen den Eintritt direkter Sonnenstrahlen getroffen sind.

Tabelle 2 gibt, z. T. nach Monasch[12]) eine Übersicht
über die Flächenhelle der künstlichen Lichtquellen. Die Werte
beziehen sich auf die nackten Lampen ohne lichtstreuende
Umhüllung.

Tabelle 2.

Lichtquelle	Flächenhelle in HK/cm²
Moorelicht	0,04— 0,25
Kerze.	0,6 — 0,7
Schnitt- u. Zweilochbrenner. . .	0,7
Petroleumbrenner	1 — 1,8
Quecksilberdampflampe.	2,5 — 3,0
Gasglühlicht	3,7 — 6,7
Azetylen	6,0 — 9,0
Kohlenfadenlampe 3,1 W/HK . .	70 — 80
Metallfadenlampe 1,1 W/HK . .	170 — 180
Flammenbogen	600 —1000
Gasfüllungslampe	800 —1300
Reinkohlenlichtbogen.	1800 —8000

Bell (1902) und Stockhausen (1907) haben als obere
Grenze der Flächenhelle 0,85 bzw. 0,75 HK/cm² angegeben.
Neuerdings wird diese obere Grenze noch niedriger angesetzt[13]).
Auch wenn die Zahlen der Tabelle, welche die physikalischen
Werte der Flächenhelle wiedergeben, nicht der physiolo-
gischen Einwirkung auf das Auge genau entsprechen (z. B.
durch die subjektive Verbreitung des Netzhautbildes), so zeigen
sie doch deutlich, daß die Flächenhelle aller neuzeitlichen

Lichtquellen, mit Ausnahme des kaum benutzten Moorelichtes dieses Maximum von 0,75 HK/cm² übersteigt. Reichenbach sagt hierüber[14]):

»Es wird deshalb für alle Lichtquellen der Grundsatz festzuhalten sein, daß entweder durch die Art der Aufhängung ein Hineinsehen vermieden werden muß, oder daß sie mit lichtzerstreuenden Medien versehen werden müssen. Ein Grenzwert für den Glanz (Flächenhelle) würde also mehr für die Beurteilung solcher lichtzerstreuender Vorrichtungen, als für die Lichtquelle selbst in Frage kommen. In diesem Sinne muß auch der von Stockhausen geforderte Grenzwert von 0,75 HK/cm² verstanden werden.«

Die Wirkung der lichtstreuenden Glocken, welche die Lichtquellen umhüllen, und die der Reflektoren, welche sie dem Auge entziehen, wird in einem späteren Kapitel behandelt werden. Während bei Bogenlampen die Anwendung lichtstreuender Glocken selbstverständlich ist, werden Glühlampen sehr häufig nackt, ohne Rücksicht auf die Forderungen der Lichthygiene benutzt. Es verdient hier die Erklärung Reichenbachs[15]) volle Beachtung:

»Wenn sich die absoluten Werte des Glanzes nicht mit Sicherheit angeben lassen, so steht doch jedenfalls fest, daß sie bei allen Glühlampen einschließlich der Kohlenfadenlampe so hoch sind, daß ein direktes Hineinsehen in die nackte Lampe bei Innenbeleuchtung unbedingt vermieden werden muß. Von dieser Forderung können wir nicht abgehen; sie ist zweifellos eine der wichtigsten in der ganzen Hygiene der Beleuchtung und dabei merkwürdigerweise diejenige, gegen die am häufigsten gesündigt wird. Es ist das um so schwerer begreiflich, als sich diese Forderung gewöhnlich leicht erfüllen läßt.«

In diesen Sätzen ist deutlich festgelegt, worauf es bei den Beleuchtungsanlagen ankommt, um die Blendung durch die künstlichen Lichtquellen zu verhindern.

Die Möglichkeiten der Blendung sind hiermit allerdings nicht erschöpft. Neben der direkten Blendung durch Lichtquellen in oder unmittelbar neben dem Gesichtsfeld, kann eine indirekte Blendung durch reflektierte Lichtstrahlen auch dann auftreten, wenn die Lichtquelle selbst in geeigneter Weise, etwa innerhalb eines Reflektors oder nahe der Decke, angeordnet ist und das Auge nicht belästigt. Denn es entstehen bei der spiegelnden Reflexion, im Gegensatz zu der diffusen oder zerstreuten Reflexion, Spiegelbilder der Lichtquellen, deren Glanz sich nicht wesentlich von dem der Lichtquellen selbst unterscheidet, und die daher u. U. ebenso stark zu blenden vermögen. Bei der Arbeit an Maschinen mit glänzenden Metallteilen, insbesondere aber bei der Verarbeitung von Weißblech und ähnlichen Stoffen, tritt diese Art der Blendung auf, und zwar nicht nur bei der künstlichen Beleuchtung sondern auch bei Tageslicht, falls das direkte Sonnenlicht in die Arbeitsräume eindringen kann.

Abgesehen von den Beleuchtungsanlagen spielt die Blendung des Auges bei vielen Berufen eine Rolle, bei denen Körper hoher Temperatur beobachtet werden müssen:

1. bei der Behandlung geschmolzener und glühender Massen in Hochöfen, Walz- und Stahlwerken, Schmiedewerkstätten, Glashütten, bei der elektrischen und der autogenen Schweißung;

2. bei der Betrachtung glühender Oberflächen in Gasretorten, Emaillierwerken, Zementöfen und in der Glühlampen- und Glühstrumpffabrikation;

3. bei elektrischen Entladungen, Arbeiten an Bogenlampen, Hochspannungsapparaten, Blitzableitern usw.

In diesen Fällen ist aber stets die Möglichkeit geboten, das Auge durch dunkle Gläser zu schützen, wenn auch bisweilen Arbeiter absichtlich darauf verzichten, da sie glauben, die Schätzung der Temperatur besser mit unbewaffnetem Auge vornehmen zu können.

§ 6. Einwirkung schädlicher Strahlengattungen auf das Auge.

Die Frage, inwiefern neben den sichtbaren Lichtstrahlen die anderen auftretenden, nicht sichtbaren Strahlengattungen eine schädigende Wirkung auf das Auge ausüben, ist trotz vielseitiger Behandlung[16]) noch nicht vollständig gelöst, weil bei den diesbezüglichen Versuchen entweder Verhältnisse vorlagen, wie sie in der Praxis kaum vorkommen,

2*

oder weil die betreffenden Strahlenarten gleichzeitig mit einer intensiven Lichtstrahlung auftraten. Die Blendung des Auges durch das Licht darf für zahlreiche Störungen verantwortlich gemacht werden, die man anderen Strahlenarten zugeschrieben hat.

Es handelt sich hierbei um die Wärmestrahlung (ultrarote Strahlung) und um die ultraviolette Strahlung. Beide treten in stark wechselndem Verhältnis bei jeder Lichtquelle auf, sie sind für das Auge unsichtbar, können aber durch Hilfsmittel, wie die Thermosäule (für Wärmestrahlen) und die photographische Platte (für die chemisch wirkenden ultravioletten Strahlen) bemerkbar gemacht werden.

Auf die ultravioletten Strahlen haben insbesondere Schanz und Stockhausen[17]) aufmerksam gemacht und dabei eine Glasart (Euphosglas) angegeben, welche die ultravioletten Strahlen absorbiert, während die sichtbaren Lichtstrahlen verhältnismäßig wenig geschwächt werden. In größerem Umfange ist dieses Schutzglas jedoch niemals benutzt worden. Bei der künstlichen Beleuchtung ist nach Voege[18]) der Anteil an ultravioletter Strahlung sowohl prozentual als absolut geringer als bei der natürlichen Beleuchtung, bei der man — unter normalen Verhältnissen — niemals an einen ungünstigen Einfluß auf das Auge denkt. Wo Schädigungen des Auges bei künstlicher Beleuchtung auftreten, muß daher nach einer anderen Ursache gesucht werden. Eine Ausnahme bilden die Bogenlampen mit eingeschlossenem Lichtbogen und die Quecksilberdampf- und Quarzlampen, bei denen tatsächlich schwere Schädigungen des äußeren Auges durch die ultraviolette Strahlung hervorgerufen werden. Doch sind diese Lampen geradezu als die typischen Erzeuger ultravioletter Strahlung anzusehen, bei deren Gebrauch natürlich stets Vorsicht am Platze ist. Durch Brillen aus dem erwähnten Euphosglas und anderen Spezialgläsern können die ultravioletten Strahlen zurückgehalten werden. Ein beliebiges dunkles Glas vermag allerdings diese Schutzwirkung nicht auszuüben, man spare deshalb nicht am falschen Orte. Eingehende Untersuchungen über den Schutzwert bzw. Unwert derartiger Brillen sind in neuerer Zeit von Luckiesh[19]) angestellt worden. Für bestimmte Berufe (elektrische Lichtbogenschweißung, chemische Betriebe, Färbereien, photographische Reproduktions- und Kopieranstalten), bei denen mit den oben erwähnten Lichtquellen, oft in geringer Entfernung, gearbeitet wird, sind gute Schutzbrillen unbedingt erforderlich. In neuester Zeit soll es Crookes und Gage gelungen sein, Schutzgläser gegen ultraviolette Strahlen herzustellen, die praktisch farblos sind.

Da die künstlichen Lichtquellen trotz aller Verbesserungen immer noch weit mehr Wärme als Licht erzeugen, muß man mit einem Überwiegen der Wärmestrahlung rechnen. Inwiefern diese schädlich ist, hängt von der Energiemenge ab, die mit der Wärmestrahlung in das Auge gelangt. Voege hat darauf hingewiesen, daß durch lichtstreuende Stoffe, die eine geringe Durchlässigkeit für Wärmestrahlung besitzen, das Auge in besonderem Maße geschont zu werden scheint[20]. Es wird aber schon bei den üblichen lichtstreuenden Medien und bei richtiger Anordnung, d. h. Verdeckung der nackten Lichtquellen, die Wärmestrahlung nur zu einem verschwindend geringen Teil in das Auge gelangen. Eine Gefährdung desselben kommt höchstens bei Naharbeit in Betracht, wenn zur Erzielung einer starken Beleuchtung eine Lichtquelle von hohem Energieverbrauch unmittelbar in die Nähe der Arbeit gebracht wird. Von diesem Gesichtspunkt aus ist z. B. die Verwendung von tiefhängendem Gasglühlicht in Reflektoren auf die Gefahr übermäßiger Wärmestrahlung hin zu prüfen. In bezug auf die Wärmeentwicklung stellen die Metallfadenlampen einen wesentlichen Fortschritt dar. Wird eine Kohlenfadenlampe von 16 HK durch die gleichstarke Metallfadenlampe ersetzt, so läßt sich damit die Wärmeentwicklung auf etwa $\frac{1}{3}$ zurückführen. Durch Verwendung geeigneter Reflektoren wird aber mit einer 16 HK-Lampe eine vollständig ausreichende Beleuchtung für Naharbeit erzielt. Die Verwendung von 50- und sogar 100 HK-Lampen in ungeeigneten Reflektoren ist daher nicht nur eine Verschwendung, sondern dürfte auch wegen der übermäßigen und unnötigen Wärmeentwicklung von hygienischen Gesichtspunkten aus zu verwerfen sein.

Von diesen besonderen Fällen der Beleuchtungshygiene
abgesehen, trägt eine reichliche und zweckmäßige Beleuchtung zur allgemeinen Hygiene bei in solchen Betrieben,
wo es auf peinliche Reinlichkeit ankommt, wie z. B. in Bäcke-
reien und anderen Lebensmittelfabriken, Wäschereien u. dgl.
Unter dem Schutz einer unzureichenden Beleuchtung wird
manches nicht einwandfreie Erzeugnis unbemerkt die Fabrikation verlassen. Auch beim Sortieren von Wolle und Häu-
ten ist eine reichliche Beleuchtung vorzusehen, damit schädliche und kranke Teile rechtzeitig erkannt und ausgeschie-
den werden.

Kapitel III.

Unfälle durch mangelhafte Beleuchtung.

§ 7. Statistisches Material.

Im Jahre 1911 wies, wohl zum ersten Male, Calder[21]) auf den Zusammenhang hin zwischen der Zahl der Unfälle in Fabrikbetrieben und der Zeit, während welcher künstliche Beleuchtung benutzt wird. Die von ihm veröffentlichten 5 Kurven[21]) sind in Abb. 4 wiedergegeben. Die obere gibt die

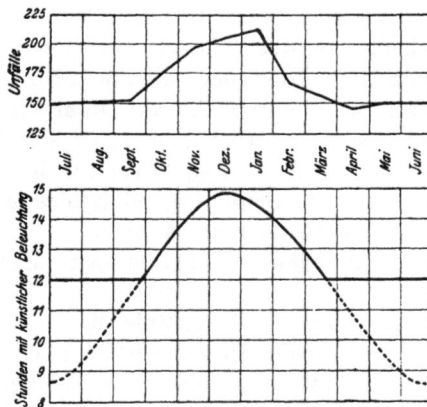

Abb. 4.

Zahl der tödlichen Unfälle für jeden Monat wieder, die sich im Verlauf von 3 Jahren in 800000 Fabriken und Werkstätten (in den Vereinigten Staaten) ereigneten. Die untere Kurve gibt die Dauer der Dunkelheit in Abhängigkeit von der Jahreszeit wieder. Diese Kurve, die von rund 9 Stunden im Sommer auf 15 Stunden im Winter ansteigt, gibt also die Zeit an, wäh-

rend der ein ununterbrochen arbeitender Betrieb auf die künstliche Beleuchtung angewiesen ist. Weil in normalen Zeiten
der Nachtbetrieb jedoch eine Ausnahme ist, wird keine
künstliche Beleuchtung vor 6 Uhr vorm. und nach 6 Uhr nach-
mittags benötigt, so daß mit der künstlichen Beleuchtung in
Wirklichkeit nur insofern zu rechnen ist, als die Dauer der
Dunkelheit 12 Stunden überschreitet. Es ergibt sich hierfür die Kurve, die mit der Ordinate 12 zunächst als Wagrechte
verläuft, von Ende September an bis Ende Dezember auf 15
ansteigt und dann bis Ende März abfällt, um von dort wieder
wagrecht zu verlaufen.

In der Tat muß der gleichartige Verlauf beider Kurven
auffallen, aus dem Calder schloß, daß die ungünstigeren Beleuchtungsverhältnisse im Winter mit für diese starke Zunahme
der Unfälle (bis zu 40% im Dezember) verantwortlich sind. Von
500 000 Unfällen jährlich, die durch geeigneten Arbeiterschutz
vermieden werden können, sollen 25% mangelhafter oder
fehlender Beleuchtung zuzuschreiben sein. Es kann kein Zweifel
darüber bestehen, daß das fehlende Tageslicht im Winter,
sowie die künstliche Beleuchtung, die nur allzu häufig starke
Mängel aufweist, für eine große Anzahl Unfälle unmittelbar
oder mittelbar verantwortlich sind, aber daneben gibt es
doch noch andere Ursachen für den Verlauf der von Calder
angegebenen Kurve. Die Schlüpfrigkeit infolge des im Herbst
und Winter häufigeren Regens, sowie Glatteis und Frost
überhaupt sind z. B. bei den im Freien ausgeführten Arbeiten
solche Ursachen.

Eine Klärung über das Verhältnis dieser Unfallursachen
zueinander haben die Veröffentlichungen Simpsons gebracht[22]),
der das statistische Material einer großen amerikanischen
Unfallversicherungsgesellschaft für das Jahr 1910 daraufhin
verarbeitet hat, in welchem Umfang Unfälle ungenügender
oder fehlender Beleuchtung zuzuschreiben sind. Da bei den
Unterlagen über Unfälle und ihre Ursachen gewöhnlich die
Feststellung fehlt, ob und inwiefern die Beleuchtungsverhältnisse einen Unfall verursacht oder sein Zustandekommen erleichtert haben, sind diese Erhebungen bei altem statistischen
Material mit Schwierigkeiten verknüpft.

Simpson gibt folgende Kurven:

A. Verlauf der Unfälle, die (mittelbar oder unmittelbar) auf die Beleuchtungsverhältnisse zurückgeführt werden können (Abb. 5).

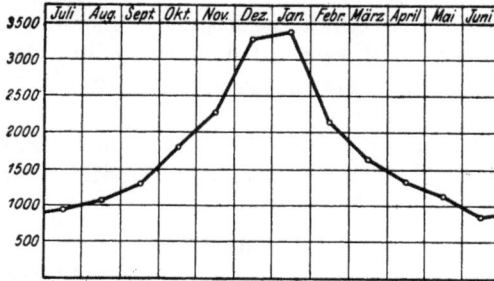

Abb. 5.

B. Verlauf der übrigen Unfälle (Abb. 6).

Abb. 6.

Beide Kurven zeigen eine Zunahme der Unfälle in den Wintermonaten, doch ist diese bei der Kurve in Abb. 5 mit dem Verhältnis 1:3,5 (für Juli und Januar) weit stärker als bei der Kurve in Abb. 6, die nur ein Anwachsen im Verhältnis 1:2 zeigt.

Simpson kommt auf Grund seiner Untersuchungen zu dem Ergebnis, daß von 91000 untersuchten Unfällen 10% in erster Linie durch ungenügende Beleuchtung

verursacht wurden, während diese bei weiteren 13,8% mittelbar zu den Unfällen beitrug. Auf absolute Genauigkeit
können diese Werte noch keinen Anspruch machen infolge der
oben beschriebenen Schwierigkeiten bei der Verarbeitung
älteren Materials, auf die Simpson selbst hingewiesen hat.
Die in Aussicht gestellten Ermittlungen über das Jahr 1915,
bei denen von vornherein auf die Feststellung der Beleuchtungsverhältnisse Rücksicht genommen ist, sind bis jetzt
noch nicht erschienen.

Eine die Jahre 1905 bis 1910 umfassende Unfallstatistik[23])
eines Stahlwerks (Tab. 3) zeigt ein Überwiegen der während
der Nacht auftretenden Unfälle:

Tabelle 3.

Art des Betriebes	Zahl der Unfälle bei Tag	bei Nacht
Hochöfen	238	243
Bessemerwerk	245	312
Siemensöfen	206	270
Walzwerk	153	213
Werkzeugmaschinen .	153	334
Fabrikhöfe	145	330

Es liegt ferner eine Reihe neuerer Untersuchungen (1913)
über die Unfälle in englischen industriellen Betrieben vor[24]).
Es sind hierbei die Unfälle nach folgenden Ursachen geordnet:

1. Maschinen,
2. geschmolzenes Metall,
3. fallende Gegenstände,
4. Sturz und Fall von Arbeitern.

Für diese Kategorien wurden getrennt bestimmt: die Unfälle pro Stunde bei Tageslicht (als Mittelwerte aus den Sommer-
monaten April—September, unter der Annahme, daß in diesen
Monaten künstliche Beleuchtung nicht in nennenswertem
Umfang benutzt wird) und die Unfälle pro Stunde bei Dunkelheit, bzw. bei der Verwendung künstlicher Beleuchtung. Diese
Zahlen hängen natürlich von der Zahl der in jeder Industrie
beschäftigten Arbeiter ab, einen Überblick über die verschiedenen Industrien liefert jedoch die prozentuale Zunahme
(bzw. Abnahme) der Unfallzahlen bei künstlicher Beleuchtung.

Tabelle 4.

Maschinen:

	Tageslicht	Unfallziffer Kunstlicht	Zunahme in %
Textilindustrie	3,09	4,16	+ 35
Holzbearbeitung	1,02	1,36	+ 33
Schiffbau	0,77	0,74	— 4
Maschinenbau	4,26	4,94	+ 16
Andere Industrien . . .	7,48	8,44	+ 13
Insgesamt	16,62	19,64	+ 18

Geschmolzenes Metall:

Gießerei	1,07	1,12	+ 5
Andere Industrien . . .	1,51	1,84	+ 22
Insgesamt	2,58	2,96	+ 25

Fallende Gegenstände:

Gießerei	0,46	0,38	— 18
Schiffbau	1,30	1,29	— 1
Dockarbeiten	0,95	1,42	+ 49
Baugewerbe	0,14	0,09	— 33
Maschinenbau	2,37	3,29	+ 38
Andere Industrien . . .	4,22	6,00	+ 42
Insgesamt	9,43	12,46	+ 32

Sturz und Fall von Arbeitern:

	Tageslicht	Kunstlicht	Zunahme in %
Textilindustrie	0,58	1,02	+ 76
Gießerei	0,16	0,32	+ 99
Schiffbau	1,07	2,12	+ 99
Dockarbeiten	0,60	1,21	+ 102
Baugewerbe	0,23	0,26	+ 12
Maschinenbau	1,11	2,08	+ 93
Andere Industrien . . .	3,25	5,06	+ 56
Insgesamt	7,00	12,07	+ 72

Das angeführte Zahlenmaterial vermag wohl den allgemeinen Nachweis zu führen, daß eine Zunahme der Unfälle infolge mangelhafter Beleuchtung stattfindet. Die Aufstellung der Statistiken geschieht jedoch in zu verschiedener

Weise, um endgültige Schlüsse daraus ziehen zu können. Eine weitere Ergänzung der Unterlagen und ihre einheitliche Verarbeitung wären daher dringend erforderlich.

§ 8. Die Aufgaben der Unfallverhütung.

Es sollte auch in Deutschland bei der Ermittlung der Unfallursachen stets die Beleuchtungsfrage berücksichtigt werden, einerlei, ob der Unfall bei Tageslicht oder bei Kunstlicht stattfindet. Bei der in den Berufsgenossenschaften zusammengefaßten gewerblichen Unfallversicherung ist eine diesbezügliche Statistik durchführbar. Sie wäre mindestens ebenso wichtig wie die Zusammenstellung der Unfälle nach Alter und Geschlecht der Arbeiter und den vielen anderen Gesichtspunkten, bei denen die Angaben stets über das ganze Jahr erstreckt werden. Die Unterteilung der Unfallzahlen nach den einzelnen Monaten würde sofort Aufschluß geben über die im Laufe des Jahres auftretenden Schwankungen.

Die umgehende Ermittlung folgender Punkte sollte bei keinem Unfall versäumt werden:

a) Welche Beleuchtung ist normalerweise an dem Ort des Unfalls vorhanden?

b) Welche Beleuchtung war zur Zeit des Unfalls vorhanden?

c) Ist der Unfall unmittelbar auf ungenügende Beleuchtung zurückzuführen?.

d) Konnte das Sehvermögen des vom Unfall betroffen oder des ihn verursachenden Arbeiters durch Blendung zeitweise beeinträchtigt werden?

Unmittelbar der Beleuchtung zuzuschreiben sind alle Unfälle infolge fehlender und ungenügender Beleuchtung in Fabrikhöfen, Gießereien, Fabriktreppen, Rangierbahnhöfen, Schiffswerften, Docks, Speichern usw. In erster Linie kommt der Fall oder Sturz von Arbeitern in Frage über Gegenstände, die sie nicht rechtzeitig unterscheiden konnten, entweder weil die Beleuchtung ungenügend war, oder weil das Licht durch seine Richtung Schatten warf oder das Auge blendete. Im Schiffbau und bei Arbeiten in Docks wird der Sturz in offene Ladeluken oft durch mangelhafte Beleuchtung dieser Arbeitsstätten verursacht.

Daneben gibt es zahlreiche Unfallmöglichkeiten, bei denen mittelbar die Beleuchtung eine Rolle spielt. Ein täuschender Schatten bei einer im Betrieb befindlichen Maschine kann der Hand einen in Wirklichkeit nicht vorhandenen Stützpunkt vorspiegeln, oder einen sich bewegenden und gefährlichen Maschinenteil (z. B. Kreissäge) verbergen. Auch Unfälle bei der Verwendung von Handlampen, die oft in leichtsinnigster Weise angebracht und benutzt werden, um eine unzureichende Allgemeinbeleuchtung zu verbessern, gehören in diese Kategorie, da sie bei genügender Beleuchtung nicht vorkommen würden. Ein weiterer Fall: Arbeiter haben auf einem Laufkran nach Reparaturen einen schweren Schraubenschlüssel liegen lassen, da bei diesen Arbeiten außerhalb der Betriebszeit aus falscher Sparsamkeit die Werkstatt nicht vollständig beleuchtet wurde. Bei Ingebrauchnahme des Kranes trifft der herunterfallende Schlüssel einen Arbeiter. Die unmittelbare Ursache des Unglücks ist der fallende Gegenstand, mittelbarer Anlaß jedoch die ungenügende Beleuchtung bei der Reparatur, da sonst der Schlüssel nicht übersehen worden wäre.

Es handelt sich hier um eine wichtige Frage des Arbeiterschutzes, die bis jetzt nicht die Beachtung gefunden hat, die sie verdient. Einer der Gründe hierfür liegt zweifellos in der Tatsache, daß die Lichttechnik als selbständiger Zweig der Technik noch jungen Datums ist, und daß die interessierten Kreise wie Betriebsleiter, Fabrikaufsichtsbeamten und Gewerbehygieniker sich kaum je mit lichttechnischen Fragen befaßt haben. Wo es sich vollends um Messungen handelt zwecks einwandfreier Beurteilung der Beleuchtung, umgeht man gerne die fremdartige Aufgabe. Das kann aber keine Entschuldigung dafür sein, daß man auf eine statistische Untersuchung des Zusammenhanges zwischen Unfällen und Beleuchtung überhaupt verzichtet, um so mehr als diese größtenteils zu den Unfällen gehören, die durch zweckentsprechende Maßnahmen vermieden werden können.

Kapitel IV.

Von der Lichtmessung.

Für die Beleuchtungsstärke, von der in den vorigen
Kapiteln schon die Rede war, soll jetzt die genaue Definition
gegeben werden, in Verbindung mit einer kurzen Betrachtung
der anderen in der Lichttechnik gebrauchten Größen und ihrer
Einheiten. Denn wenn die Beleuchtungsstärke auch besondere
Bedeutung besitzt, weil es auf sie bei den Beleuchtungsanlagen
(natürliche und künstliche) in erster Linie ankommt, so treten
daneben andere Größen, wie die Lichtstärke, die Lichtmenge und die Flächenhelle auf, die vielfach mit der Beleuchtungsstärke verwechselt werden. Es ist das eine Folge
der früheren Verwirrung auf diesem Gebiet, als die Worte:
Leuchtkraft, Helligkeit, Lichtstärke, Kerzenstärke, Flächen-
helligkeit, Leuchtvermögen usw. wahllos für verschiedene
Begriffe gebraucht wurden, ein Zustand, dem erst durch das
in 1897*) aufgestellte System der photometrischen Größen
und Einheiten abgeholfen wurde.

§ 9. Der Lichtstrom als Grundgröße.

Jede Lichtquelle sendet während einer gewissen Zeit
(etwa t Sekunden) eine Lichtmenge (Q) aus. Von der gesamten Strahlung der Lichtquelle, die auch die Wärmestrahlen und die ultravioletten Strahlen umfaßt, ist die Lichtmenge jener Teil, der, wie seine Bezeichnung besagt, von dem
menschlichen Auge als Licht empfunden wird. Die Wärme-

---

*) Von dem Verband Deutscher Elektrotechniker und dem
Verein von Gas- und Wasserfachmännern.

und die ultraviolette Strahlung durch entsprechende Größen zu
kennzeichnen, hat für die Lichttechnik weiter kein Interesse,
da sie zum Sehen nicht beitragen (vgl. S. 20). Bei dem Zweck
der Beleuchtungsanlagen, die Gegenstände der Umgebung zu
beleuchten, damit wir sie durch den Sehvorgang erkennen
können, versteht es sich, daß eine Lichtmenge nicht nach der
in ihr enthaltenen mechanischen oder Wärmeenergie be-
wertet und bemessen wird, sondern nach dem Eindruck, den
sie auf das Auge macht. Dieser Endzweck jeder Beleuchtung
bringt ein physiologisches Moment in die Lichttechnik hinein,
das bei dem Wirkungsgrad der Lichterzeugung, bei der Beleuchtungshygiene und bei der Verwendung des Auges für die
Lichtmessungen eine wichtige Rolle spielt.

Bei gleichmäßiger Lichtausstrahlung sendet eine Lichtquelle in jeder Zeiteinheit die gleiche Lichtmenge aus. Diese
Lichtmenge pro Zeiteinheit ist der Lichtstrom (Bezeichnung: Φ). Es ist also

$$\text{Lichtstrom} = \frac{\text{Lichtmenge}}{\text{Zeit}}$$

$$\text{oder } \Phi = \frac{Q}{t}.$$

Bei dem Licht braucht man praktisch nicht mit der Möglichkeit des Aufspeicherns zu rechnen. Die in der Sekunde oder
in einer noch kürzeren Zeiteinheit erzeugte Lichtmenge wird
innerhalb derselben Zeit zur Beleuchtung verwandt und hört
nach mehrmaliger Reflexion und der dabei erfolgenden Absorption auf, als Licht zu bestehen. Es ist daher für Beleuchtungsberechnungen nicht nötig, stets wieder auf die Lichtmenge als Grundgröße zurückzugreifen und die Zeit zu berücksichtigen, während der das Licht erzeugt wird. Man hat
vielmehr in dem Lichtstrom*) eine Grundgröße, die eindeutig
und in einfachster Weise alle mit der Lichterzeugung und Verwendung zusammenhängenden Vorgänge bestimmt, und die sich
daher vorzüglich für die lichttechnischen Berechnungen eignet.

---

*) Der Lichtstrom (auch als Lichtfluß bezeichnet) steht na-
türlich in keiner Beziehung zu dem Lichtstrome als Bezeichnung
für den elektrischen Strom, der Beleuchtungszwecken dient (Lichtstrom, Kraftstrom).

Dem Lichtstrom entspricht in der Elektrotechnik das Watt, bzw. das Kilowatt. Diese elektrischen Größen, die Leistungen darstellen, sind ebenfalls unabhängig von der Zeit, während der sie auftreten. Die Berücksichtigung der Zeit erfolgt erst bei der Watt- oder Kilowattstunde durch das Produkt aus Leistung und Zeit.

Den Lichtstrom könnte man als die Lichtleistung einer Lichtquelle bezeichnen, und in der Tat ist der Lichtstrom das, was sich der Laie — einer richtigen Eingebung folgend — gewöhnlich unter der Lichtstärke einer Lichtquelle vorstellt. Er ist aber nicht identisch mit dem physikalischen Begriff der Lichtstärke, auf den man ein umständliches System verschiedener Lichtstärken aufbaut, die auch in verschiedenen Beziehungen zum Lichtstrom stehen (vgl. S. 60).

Die Einheit des Lichtstroms ist das Lumen (Abkürzung Lm.). Jeden Lichtstrom können wir in dieser Einheit messen, bzw. zahlenmäßig festlegen. Eine Metallfadenlampe von 100 Watt erzeugt 1000 Lm., durch ein Fenster dringt ein Lichtstrom von z. B. 3000 Lm. (Tageslicht) in ein Zimmer ein; zur Beleuchtung eines Tisches wird ein Lichtstrom von 250 Lm. benutzt usw. Der Lichtstrom ist das, was kurzweg als Licht bezeichnet wird. Wenn Licht in unser Auge eintritt, so ist es ein Lichtstrom, wenn durch eine mattierte Glocke Licht verschluckt (absorbiert) wird oder wenn ein Scheinwerfer ein Lichtbündel oder einen Lichtkegel erzeugt, stets handelt es sich um Lichtströme.

§ 10. Die Beleuchtung.

Jeder Gegenstand (im einfachsten Fall eine Fläche) wird durch einen auf ihn fallenden Lichtstrom beleuchtet. Die Stärke dieser Beleuchtung hängt von der Größe des auftreffenden Lichtstroms ab. Eine Verdoppelung des Lichtstroms wird auch die Beleuchtungsstärke verdoppeln. Ebenso muß der Lichtstrom die zweifache Größe haben, wenn, bei gleicher Beleuchtungsstärke, die doppelte Fläche beleuchtet werden soll. Bezeichnet man die Beleuchtungsstärke mit E und

die Fläche mit F, so ist der Lichtstrom, der diese Fläche beleuchtet:

$$\Phi = E \cdot F$$

(Lichtstrom = Fläche $\times$ Beleuchtungsstärke.)

Aus dieser Beziehung ergibt sich folgende Gleichung für
die Beleuchtungsstärke:

$$E = \frac{\Phi}{F}$$

$$\left(\text{Beleuchtungsstärke} = \frac{\text{Lichtstrom}}{\text{Fläche}}\right).$$

Wenn dabei $F = 1$ ist, wird $E = \Phi$, d. h. die Beleuchtungsstärke ist der Lichtstrom, der auf die Einheit
der Fläche auftrifft. Als solche gilt das Quadratmeter
(m²). Eine Fläche hat die Beleuchtungsstärke 1, wenn ein
Lichtstrom von 1 Lumen auf 1 m² auftrifft. Diese Einheit der
Beleuchtungsstärke ist das Lux.

Zur Beleuchtung eines Tisches von 0,7 m² mit einer Beleuchtungsstärke von 80 Lux sind also 0,7 $\times$ 80 = 56 Lumen
erforderlich.

Im allgemeinen kann man nur bei der Tagesbeleuchtung
im Freien darauf rechnen, daß eine größere Fläche gleichmäßig beleuchtet wird, d. h. daß auf jedes Quadratmeter der
gleiche Lichtstrom trifft. Bei der künstlichen Beleuchtung ist
dagegen nicht nur für jeden Quadratmeter die Beleuchtungsstärke verschieden, sondern es ist sogar innerhalb dieser Fläche
der Lichtstrom verschieden verteilt, d. h. die Beleuchtung ist
ungleichmäßig. In diesem Falle gewinnt der Begriff der mittleren Beleuchtungsstärke (E_m) seine Bedeutung. Wir
zerlegen die Fläche F in eine große Anzahl (n) gleicher, kleiner
Flächenteile f, so daß $F = n \cdot f$. Für jeden dieser kleinen Flächenteile nehmen wir an, daß die Beleuchtung gleichmäßig ist,
und daß $\Phi = E \cdot f$. Für das erste Flächenteil f_1 ist dann Φ_1
$= E_1 \cdot f_1$, für f_2 in gleicher Weise $\Phi_2 = E_2 \cdot f_2$ usw. bis $\Phi_n =$
$E_n \cdot f_n$. Dann ist $\Phi_1 + \Phi_2 .. + \Phi_n = E_1 \cdot f_1 + E_2 \cdot f_2 + \cdots$
$+ E_n \cdot f_n$ oder, da $f_1 = f_2 = \ldots = f_n = \dfrac{F}{n}$.

$$\Phi_1 + \Phi_2 + \ldots + \Phi_n = \frac{F}{n}(E_1 + E_2 + \ldots + E_n).$$

Die Summe $\Phi_1 + \Phi_1 + \ldots + \Phi_n$ stellt den gesamten auftreffenden Lichtstrom Φ dar, während $\dfrac{E_1 + E_2 + \ldots + E_n}{n}$ der Mittelwert aus allen Beleuchtungsstärken (E_m) ist.

Daher $\Phi = F \cdot E_m$

$$\text{oder } E_m = \frac{\Phi}{F}.$$

Für die ungleichmäßige Beleuchtung gelten demnach dieselben Gleichungen, die oben unter der Voraussetzung gleichmäßiger Beleuchtung aufgestellt wurden. Die Beziehung $\Phi = E \cdot F$ kann man als das Grundgesetz für alle lichttechnischen Berechnungen betrachten. Seine vielseitige Anwendbarkeit wird nicht eingeschränkt durch Voraussetzungen über die Richtung des auftreffenden Lichtstroms, oder über die Größe der Lichtquelle (sog. Punktförmigkeit). Das quadratische Entfernungsgesetz für die Berechnung der Beleuchtung wird dagegen vielfach zu Unrecht als Grundgesetz betrachtet und ohne Berücksichtigung dieser Einschränkungen benutzt.

§ 11. Lichtstärke und Lichtverteilung.

Für punktförmige, d. h. verhältnismäßig kleine Lichtquellen und für ein kleines beleuchtetes Flächenstück ist:

$$E = \frac{J}{r^2} \cdot \cos \alpha$$

wobei J die Lichtstärke der Lichtquelle in der Richtung zum Flächenstück hin, r dessen Entfernung von der Lichtquelle und α der Einfallswinkel der Lichtstrahlen. Für senkrechten Einfall ist $\alpha = 0^0$, daher $\cos \alpha = 1$

$$\text{und } E = \frac{J}{r^2}.$$

Dieses quadratische Entfernungsgesetz, das man neben der Lichtstromformel je nach den vorliegenden Verhältnissen verwendet, enthält eine weitere Größe, die zwar schon erwähnt wurde, die aber zunächst wegen ihrer geringeren Bedeutung gegenüber dem Lichtstrom zurücktreten mußte, die Lichtstärke. Leider gibt es eine Reihe von »Lichtstärken«, die durch nähere Bezeichnungen wie: vertikale, mittlere horizontale, mittlere halbräumliche, mittlere räumliche unterschieden werden. Diese Unterscheidung wäre nicht erforderlich, wenn die künstlichen Lichtquellen ihren Lichtstrom gleichmäßig nach allen Richtungen des Raumes aussenden würden, d. h. wenn sie eine gleichmäßige Lichtverteilung hätten. Bei der praktisch stets vorhandenen ungleichmäßigen Lichtverteilung ist der Lichtstrom, der in einem kleinen Raumwinkel*) ausgestrahlt wird, verschieden, je nach der Richtung des Raumwinkels.

So wie das Verhältnis eines Lichtstroms zu der von ihm getroffenen Fläche die Beleuchtungsstärke ergab ($E = \dfrac{\Phi}{F}$), bezeichnet man das Verhältnis eines in einem Raumwinkel ausgestrahlten Lichtstroms (Φ) zu der Größe dieses Raumwinkels (ω), als Lichtstärke (J). Es ist:

$$J = \frac{\Phi}{\omega}$$

Die Bezeichnung Lichtstärke schlechthin bezieht sich nur auf **eine** Richtung des Raumes; der Raumwinkel ist dementsprechend klein, etwa wie ein sehr spitzer Kegel, anzunehmen. Die Lichtstärke ist die Lichtstromdichte in diesem Raumwinkel, während die Beleuchtungsstärke die Dichte des auf eine Fläche auftreffenden Lichtstroms ist. Bei einem Scheinwerfer ist der Raumwinkel ω sehr klein, daher kann die Lichtstärke J sehr groß sein, auch wenn der Lichtstrom Φ gering ist. Dieses Beispiel zeigt schon, daß das, was man schlechthin als Lichtstärke bezeichnet,

---

*) Ein Raumwinkel ist z. B. an der Spitze eines Kegels oder einer Pyramide vorhanden. Er setzt also das Vorhandensein eines Punktes voraus, von dem aus der Raumwinkel dann einen Teil des Raumes umschließt. Legt man um diesen Scheitelpunkt eine Kugel mit dem Radius von 1 m, so schneidet der Raumwinkel ein Stück aus der Kugeloberfläche heraus, das je nach der Gestalt des Raumwinkels ein Kreis oder ein Kugeldreieck, Viereck usw. sein kann. Der Inhalt dieses Stückes in m² ist das Maß für den Raumwinkel. Umfaßt der Raumwinkel den ganzen Raum, so entspricht dem die ganze Kugeloberfläche von $4\pi =$ 12,56 m². Der volle Raumwinkel hat daher die Größe 4π (und nicht 1).

nicht gleich ist dem gesamten Lichtstrom der Lichtquelle. Es ist nur der Lichtstrom in irgendeiner Richtung, und wenn nach den anderen Richtungen des Raumes die Lichtstärke nur gering oder Null ist, ergibt sich im ganzen nur ein geringer Lichtstrom.

Wenn die Lichtstärke einer Lichtquelle in horizontaler Richtung J_h (bzw. deren Mittelwert, im Falle die horizontalen Lichtstärken unter sich nicht gleich sind) zur Kennzeichnung der Lichterzeugung von Glühlampen benutzt wird (vgl. S. 58), so ist dieses zwar ein aus meßtechnischen Gründen sehr einfaches Verfahren, das aber leicht zu Mißverständnissen Anlaß geben kann. In gleicher Weise gilt die horizontale Lichtstärke der Hefnerlampe als Einheit der Lichtstärke. Bei der Hefnerkerze (HK) handelt es sich nur um diese eine Lichtstärke und nicht um den gesamten Lichtstrom.

Der Mittelwert aus allen (theoretisch: unendlich vielen) Lichtstärken wird als »mittlere räumliche Lichtstärke« bezeichnet, und durch das Zeichen J_0 dargestellt. Diese wäre als überall gleiche Lichtstärke vorhanden, wenn man sich den Lichtstrom der Lampe nicht ungleichmäßig, sondern gleichmäßig verteilt denkt.

Aus der obigen Gleichung für die Lichtstärke $J = \dfrac{\Phi}{\omega}$ ergibt sich

$$\Phi = J \cdot \omega$$

Neben der Grundbeziehung: Lichtstrom = Beleuchtung $\times$ Fläche, erhalten wir das Gesetz:

Lichtstrom = Lichtstärke $\times$ Raumwinkel

welches allerdings nur für die punktförmigen Lichtquellen gilt, oder für größere Lichtquellen auf solche Entfernungen, wo man diese praktisch als punktförmig annehmen kann. Man nimmt diese Entfernung gewöhnlich als das 10 fache der größten Abmessung der Lichtquelle.

Da sich die mittlere räumliche Lichtstärke nach der Definition über den vollen Raumwinkel ($\omega = 4\pi$) erstreckt, ist der Lichtstrom:

$$\Phi = J_0 \cdot 4\pi.$$

Auf den Gebrauch der mittleren räumlichen Lichtstärke kann man verzichten, wenn man Lichtströme stets als solche in Lumen bezeichnet, und die Verwendung der »Lichtstärke« auf die Fälle beschränkt, wo es sich um die Lichtstärke in einer bestimmten Richtung handelt. Hierdurch wird jedes Mißverständnis mit den verschiedenen Lichtstärken ausgeschlossen.

Trägt man in einer Ebene in jeder Richtung die zugehörige Lichtstärke als Länge auf, so liefert die Kurve, welche die Endpunkte dieser Lichtstärken verbindet, eine graphische Darstellung der Lichtverteilung. Die Lichtausstrahlung erfolgt zwar nicht nur in dieser einen Ebene, sondern nach

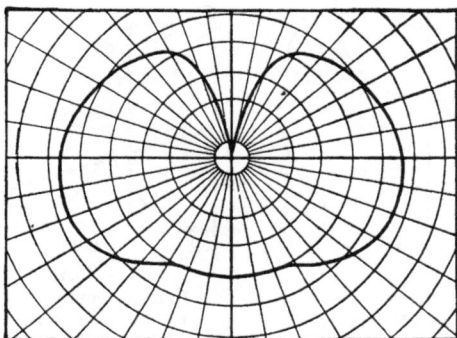

Abb. 7.
Lichtverteilungskurve.

allen Seiten des Raumes, doch kann man sich mit der Wiedergabe in einer Ebene begnügen, wenn, was fast durchweg der Fall ist, die Lichtausstrahlung symmetrisch zur Lampenachse erfolgt. Die Darstellung der Lichtverteilung in Polarkoordinaten, von der Abb. 7 ein Beispiel gibt, wird als Lichtverteilungskurve bezeichnet. Bei ihrem Gebrauch ist darauf zu achten, daß die von der Lichtverteilungskurve eingeschlossene Fläche niemals als Maß für den Lichtstrom dienen kann, da sie in keiner Beziehung zum Lichtstrom steht. Für den Techniker, der gewöhnt ist, mit Diagrammen und deren Flächeninhalt zu arbeiten, liegt die

Gefahr einer falschen Verwendung der Lichtverteilungskurve besonders nahe.

Will man aus der Lichtverteilungskurve den Lichtstrom (bzw. J_0) ermitteln, so kann man sich hierzu z. B. eines einfachen, von Bloch[25]) angegebenen Verfahrens bedienen, oder nach Rousseau das eigentliche Lichtstromdiagramm aufzeichnen, bei dem Lichtstärke und räumlicher Winkel in rechtwinkligen Koordinaten auftreten, so daß der Flächeninhalt des Diagramms (Lichtstärken $\times$ räumliche Winkel) den Lichtstrom liefert[26]).

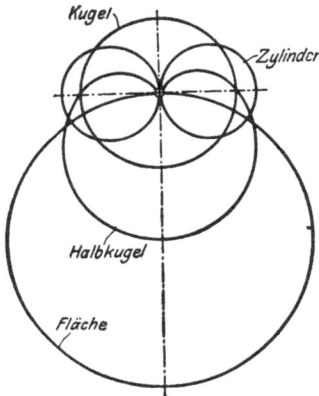

Abb. 8.
Lichtverteilungskurven einfacher Lichtquellen von gleichem Lichtstrom.

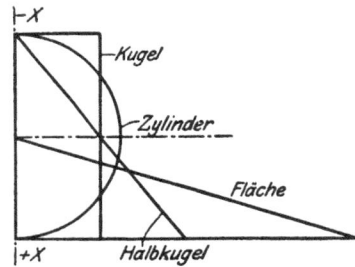

Abb. 9.
Lichtstromdiagramme einfacher Lichtquellen von gleichem Lichtstrom.

Abb. 8 gibt die Lichtverteilungskurven einer Reihe einfach geformter Lichtquellen wieder. Trotz der wesentlichen Unterschiede in diesen Kurven sind die Lichtströme gleich, wie aus den entsprechenden Lichtstromdiagrammen in Abb. 9 hervorgeht, die alle gleichen Inhalt haben.

§ 12. Die Flächenhelle.

Von den verschiedenen Lichtverteilungskurven verdient die der leuchtenden Fläche (Abb. 10) besondere Beachtung. Sie ist ein Kreis, welcher an die lichtausstrahlende Fläche grenzt. Es macht keinen Unterschied, ob das Flächenstückchen infolge hoher Temperatur selbst leuchtet, oder dadurch, daß es auftreffendes Licht zerstreut reflektiert

(z. B. matte Flächen, wie Gips, Papier u. dgl.), bzw. hindurch-
gehendes Licht zerstreut (z. B. Milchglas).

Die Lichtstärke nimmt bei dieser Art der Lichtverteilung
mit dem Kosinus des Ausfallswinkels α ab. In gleicher
Weise ändert sich, wie eine einfache
geometrische Betrachtung lehrt, die
Projektion des Flächenstücks f in
dieser Richtung (f_α), d. h. die Größe,
in der das Flächenstück, aus dieser
Richtung gesehen, erscheint (»ge-
sehene« oder »scheinbare« Größe).
Da $J_\alpha = J_{max} \cdot \cos\alpha$ und $f_\alpha = f \cdot \cos\alpha$
ist das Verhältnis der Licht-
stärke zur gesehenen Größe
der leuchtenden Fläche konstant

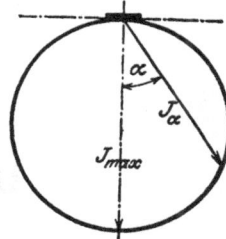

Abb. 10.
Lichtverteilung einer
kleinen leuchtenden Fläche
(Lamberts Gesetz).

$$\frac{J_\alpha}{f_\alpha} = \frac{J_{max}}{f}$$

Dieses Verhältnis bezeichnet man als Flächenhelle (e).
Daneben wird, besonders bei hohen Werten, die alte Benennung:
Glanz gebraucht. Als Quotient aus einer Lichtstärke und
einer Fläche, wird die Flächenhelle in HK/cm² gemessen:

$$e = \frac{J}{f}\ \text{HK/cm}^2$$

Die Unabhängigkeit der Flächenhelle von der
Richtung, aus der man eine leuchtende Fläche betrachtet,
wurde von Lambert zuerst festgestellt. Dieses nach ihm
benannte Lambertsche Gesetz ist ein wichtiges Hilfsmittel für lichttechnische Berechnungen.

Für die Werte der Flächenhelle der künstlichen Lichtquellen wird auf Tabelle 2 (S. 17) verwiesen.

Kapitel V.

Das Tageslicht.

§ 13. Natürliche Beleuchtung und Tageslichtquotient.

Man glaubt gewöhnlich, daß das Tageslicht in so reichlicher Menge zur Verfügung steht, daß man sich nicht darum zu kümmern braucht, ob es auch zweckmäßig für die Beleuchtung der Werkstätten ausgenutzt wird. Die Tatsache jedoch, daß es eine ganze Reihe von Fabrikräumen gibt, die besonders bei dunklem Wetter keine genügende Beleuchtung aufweisen, zeigt, daß die reichliche Beleuchtung im Freien im Innern der Werkstätten oft nur äußerst mangelhaft ausgenutzt wird. Es kann dieses eine Folge davon sein, daß von vornherein die Fensteröffnungen zu klein, zu niedrig und an Zahl zu gering waren, daß mit Oberlichtern und Lichthöfen gespart wurde, aber auch davon, daß die an sich ausreichenden Fenster und anderen Lichtöffnungen im Betrieb starker Verschmutzung ausgesetzt sind und nicht regelmäßig gereinigt werden. Ferner werden infolge der gesteigerten Bodenpreise und Mieten, insbesondere in den Großstädten, viele Räume zu gewerblichen Zwecken benutzt, bei denen auch im günstigsten Falle kaum eine genügende Tagesbeleuchtung vorhanden sein kann. Hierzu gehören nicht nur Kellerräume, die, ursprünglich für Lagerzwecke bestimmt, als Werkstätten Verwendung fanden, sondern auch solche Räume, die im Innern der Großstadthäuser an »Lichthöfen« gelegen sind, die infolge ihrer dunklen verschmutzten Wände kaum auf diese Bezeichnung Anspruch machen können.

Die natürliche Beleuchtung ist eine wichtige Frage, welche
schon bei dem Entwurf von Fabriken zu berücksichtigen
ist, die aber auch beachtet werden muß, wenn man Räume,
die ursprünglich nicht zu gewerblichen Zwecken dienen sollten, für diese einrichtet. Es genügt nicht, sich bei Neubauten
schematisch an Faustregeln zu halten, die für Fenster etwa
einen bestimmten Prozentsatz (z. B. 10%) der Bodenfläche
vorsehen, sondern es müssen die verschiedenen Umstände
berücksichtigt werden, welche die Beleuchtung beeinflussen,
wie die Lage und die Höhe der Fenster, die Lage der Gebäude
zueinander, die Hinderung des Lichteintritts durch andere
Bauten, sowie durch Transmissionen oder Maschinen; und
schließlich im Anschluß an die Art der Arbeiten auch die Richtung, aus der das Licht auf den Arbeitsplatz fällt. Erst wenn
man mit den Mitteln zur bestmöglichen Ausnutzung des Tageslichtes nicht zum Ziele kommt, muß die künstliche Beleuchtung
auch für die Tagesstunden herangezogen werden. Man be-
rücksichtige jedoch, daß die künstliche Beleuchtung gerade
in Fabriken auch bei vollkommenster Gestaltung immer nur
ein Ersatz für das Tageslicht bleiben kann, und daß diese
geringere Güte der künstlichen Beleuchtung gerade dann am
meisten empfunden zu werden pflegt, wenn sie in der Über-
gangszeit zwischen Tag und Nacht gleichzeitig mit der natürlichen Beleuchtung benutzt werden muß.

Im Gegensatz zu den künstlichen Beleuchtungsanlagen,
bei denen man bestimmte Anforderungen an die Stärke der
Beleuchtung stellen und infolge der gleichmäßigen Lichterzeugung auch einhalten kann, ist es bei der Tagesbeleuchtung
nicht möglich, bestimmte Werte der Beleuchtung gleichmäßig
aufrechtzuerhalten, denn das Tageslicht ist je nach der Tages-
stunde, der Jahreszeit und der Witterung außerordentlichen
Schwankungen unterworfen. Im Freien kann z. B. die Beleuchtungsstärke von 60000 Lux an einem Sommertag um
12 Uhr bei direkter Sonnenbestrahlung auf Werte von 3000 Lux
bei bedecktem Himmel im Winter und sogar auf 100 Lux
bei Sonnenuntergang sinken. Trotzdem das Verhältnis zwischen
dem Maximum und dem Minimum des Tageslichtes somit
außerordentlich hoch ist, vermag sich das Auge diesen

Schwankungen der Stärke der Beleuchtung in weitem Maße anpassen.

An Stelle der durch ihre fortwährenden Änderungen hierfür unbrauchbaren Beleuchtungsstärke ist der »Tageslichtquotient« vorzüglich geeignet, den Wert der natürlichen Beleuchtung in Innenräumen zu kennzeichnen. Unter dem Tageslichtquotient (nach L. Weber) verstehen wir das Verhältnis zwischen der Beleuchtungsstärke an einer Stelle innerhalb eines Raumes und der Beleuchtungsstärke, die gleichzeitig im Freien beobachtet wird, ohne Einwirkung von Gebäuden, Bäumen usw. Dieser Tageslichtquotient ist also der Bruchteil der Tagesbeleuchtung, der zu der betreffenden Stelle Zutritt findet, im Durchschnitt liegt er zwischen 10 und 0,1%. Der Tageslichtquotient ist natürlich für die verschiedenen Stellen im Innern eines Gebäudes verschieden. Er hat in der Nähe der Fenster einen großen Wert, im Innern aber an dunklen Stellen kann er äußerst klein sein. Die Messung des Tageslichtquotienten für die verschiedenen Stellen eines Raumes erfolgt so wie die Messung der Beleuchtungsstärke bei der künstlichen Beleuchtung. Nur werden, um die Angaben von den Schwankungen des Tageslichtes unabhängig zu machen, alle gefundenen Beleuchtungsstärken durch die jeweils vorhandene Außenbeleuchtung dividiert. Man wird auch von einem mittleren Tageslichtquotienten als Mittelwert der gleichmäßig über die ganze Fläche verteilt gemessenen Zahlen sprechen können und diesen mittleren Tageslichtquotienten als Maßstab für die Güte der natürlichen Beleuchtung verwenden. Man kann diese Angabe ergänzen durch den maximalen und den minimalen Tageslichtquotienten, um die Ungleichmäßigkeit der Beleuchtung zu kennzeichnen. Daß der Tageslichtquotient eindeutig den Wert der natürlichen Beleuchtung wiederzugeben vermag, liegt daran, daß er, sofern der Eintritt direkter Sonnenstrahlen durch geeignete Maßnahmen verhindert wird, hinreichend unabhängig ist von dem Stand der Sonne und von der Bewölkung.

Die Bedeutung des Tageslichtquotienten liegt darin, daß man mit seiner Hilfe bestimmen kann, in welchem Maße die Beleuchtung eines Arbeitsplatzes oder eines ganzen Raumes

durch Kunstlicht ergänzt werden muß. Wird die jeweilige
Beleuchtungsstärke im Freien mit dem Tageslichtquotienten
multipliziert, so erhält man wieder die entsprechende Innenbeleuchtung. Beträgt die Außenbeleuchtung z. B. 4000 Lux,
so wird ein Arbeitsplatz mit einem Tageslichtquotienten von
10% (einem sehr günstigen Wert) mit 400 Lux beleuchtet,
wobei keine künstliche Beleuchtung erforderlich ist. Dort,
wo der Tageslichtquotient nur 0,5% beträgt (ein häufig vor-
kommender Wert), wird bei einer Innenbeleuchtung von 20 Lux
die künstliche Beleuchtung nicht mehr entbehrt werden können.
In der Abb. 11 ist der Verlauf der durchschnittlichen Stärke
der natürlichen Beleuchtung für je einen Tag im Juni,

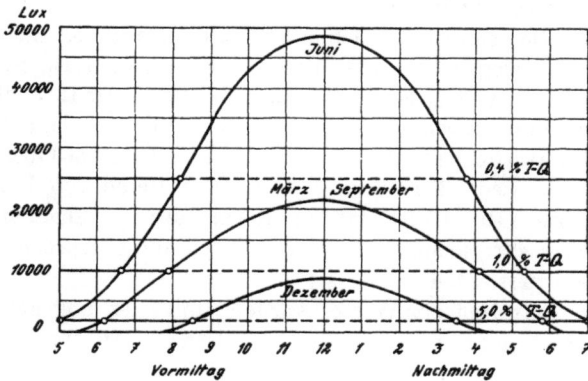

Abb. 11.
Durchschnittliche Stärke der natürlichen Beleuchtung.

März bzw. September und Dezember wiedergegeben. Die horizontalen Geraden für verschiedene Tageslichtquotienten von
5,0, 1,0 und 0,4% geben durch ihre Schnittpunkte mit der
Kurve der Außenbeleuchtung die Zeiten an, während deren die
künstliche Beleuchtung benutzt werden muß, um einen Mindestwert von 100 Lux einzuhalten. Ein hoher Tageslichtquotient
verkürzt die Arbeitszeit bei künstlicher Beleuchtung auf ein
Mindestmaß. Ist der Tageslichtquotient so klein, daß er mit
dem Höchstwert der Tagesbeleuchtung im Freien multipliziert, nicht einmal das Minimum der erforderlichen Innenbeleuchtung liefert, so muß in dem betreffenden Raume die

künstliche Beleuchtung ständig gebraucht werden. Das ist
z. B. für den Tageslichtquotient 0,4% nach Abb. 11 von September bis März der Fall. Im Durchschnitt kann man sagen,
daß Räume mit einem Tageslichtquotienten unter 1% an
dunklen Wintertagen ständig künstlich beleuchtet sein müssen,
während Räume mit dem Tageslichtquotienten von 0,1%
sogar an hellen Sommertagen die künstliche Beleuchtung nicht
ganz entbehren können.

§ 14. Oberlicht und Seitenlicht.

Das Bestreben bei dem Entwurf industrieller Anlagen
muß also dahin gehen, hohe Tageslichtquotienten zu erzielen.
In dieser Hinsicht ist das Oberlicht, das in den sog. Sheddächern die verbreitetste Form findet, jeder anderen Beleuchtungsart überlegen.. Räume mit Oberlicht können Tageslicht-
faktoren bis zu 10% erhalten und haben demgemäß auch an
dunklen Wintertagen noch eine reichliche Innenbeleuchtung.
Es spielt natürlich eine Rolle, in welchem Umfang das Oberlicht
angewandt wird. Tabelle 5 gibt für eine Reihe von Fabrikbauten mit Oberlicht das Verhältnis der Glasflächen des
Oberlichtes zur Bodenfläche wieder, sowie die entsprechenden
Tageslichtquotienten.

Die betreffenden Werte wurden (mit der angegebenen
Ausnahme) nicht in Neubauten, sondern bei in Betrieb befindlichen und z. T. älteren Werken festgestellt. Die starke
Verschiedenheit der Tageslichtquotienten zeigt, daß die Verwendung von Oberlicht an sich noch keine Gewähr bietet für
eine gute Innenbeleuchtung. Es gibt z. B. Gießereien, die trotz
des Oberlichtes infolge der stark verschmutzten Glasflächen,
der dunklen Innenwände und des dunklen Bodens aus Form-
sand eine sehr schlechte Tagesbeleuchtung aufweisen.

Die verhältnismäßig günstigen Ergebnisse der Tagesbeleuchtung bei Verwendung von Oberlicht dürfen beim Bau-
entwurf nicht dazu verleiten, mit der Fläche der Oberlichtöffnungen zu weit hinunterzugehen. Wenn auch, wie Tabelle 5
zeigt, eine große Oberlichtfläche (über 40% der Bodenfläche)
keine Gewähr für einen hohen Tageslichtquotienten bietet, so
ist andererseits bei einem kleinen Oberlicht (unter 20%) stets

Tabelle 5.

Art des Betriebes	Oberlicht-fläche in % der Bodenfläche	Tageslicht-quotient in %	Bemer-kungen
Werkzeug-	44	3,8	
maschinen	28 (4)*)	2,7	
»	48 (3,5)	2,2	
»	20 (3,5)	1,4	
»	32 (4,5)	1,6	
»	44 (2)	1,4	
»	99	2,4	
»	42	3,6	
Schlosserei	110 (!)	11,0	
»	75 (13)	3,6	
»	100	3,0	
Gießerei	120 (!)	25,0 (!)	Neubau
»	80	7,2	
»	12	1,9	
»	39	4,4	
»	50 (10)	0,4 (!)	Sehr verschmutzt

mit einem niedrigen Tageslichtquotienten zu rechnen, falls keine besonders günstigen Verhältnisse vorliegen.

Das Oberlicht besitzt auch den Vorzug, daß das Licht die im Innern der Werkstätte gelegenen Arbeitsplätze mehr von oben trifft, als es bei der seitlichen Beleuchtung mit starker Schattenbildung auf den weiter von den Fenstern gelegenen Arbeitsplätzen der Fall ist. Auch bei der kombinierten Oberlicht- und Seitenlichtbeleuchtung treten hohe Tageslichtquotienten auf, wenn mit der Fensterfläche nicht zu sehr gespart wird. In großen Fabrikhallen wird diese Anordnung bevorzugt. Nachstehende Tabelle 6 gibt an Hand praktisch

---

*) Wo neben dem Oberlicht auch Fenster vorhanden sind, denen infolge ihrer geringen Fläche keine wesentliche Bedeutung für die Innenbeleuchtung zukommt, ist deren Größe (ebenfalls in Prozent der Bodenfläche) in Klammern zu der für das Oberlicht geltenden Zahl hinzugefügt.

beobachteter Fälle die Tageslichtverhältnisse für eine Reihe
von Werkstätten mit kombinierter Beleuchtung an.

Tabelle 6.

Art des Betriebes	% der Bodenfläche		Tageslicht-quotient in %
	Oberlicht	Seitenlicht	
Werkzeugmaschinen . .	22	37	2,1
‹ . . .	33	23	3,4
» . . .	19	12	2,2
‹ . . .	120	67	5,2
Schlosserei	25	11	3,6
Schreinerei	55	36	2,2
Gießerei	37	12	3,0
»	11	11	0,9
‹	4	6	0,7

Die Vorteile der reinen Oberlichtbeleuchtung bzw. der
kombinierten Beleuchtung können bei mehrstöckigen Fabrikbauten nicht ausgenutzt werden. Man ist bei dieser Bauweise
fast durchweg auf reines Seitenlicht angewiesen, welches
durch die Fenster eintritt. Daher kann auf den Plätzen in
der Nähe der Fenster der Tageslichtquotient sehr hoch sein,

Tabelle 7.
Mittlere Tageslichtquotenten bei einem vierstöckigen Fabrikbau.

Geschoß	Fensterfläche in % der Bodenfläche	Tageslicht-quotient in %
3. Geschoß . . .	9	0,9
2. ‹	7	0,6
1. »	12	0,3
Erdgeschoß . . .	12	0,3

während bei Bauten von größerer Tiefe die inneren Plätze
in bezug auf die natürliche Beleuchtung stark benachteiligt
sind. Bei vielstöckigen Bauten mit gleicher Beschaffenheit
und Anordnung der Fenster nimmt der Tageslichtquotient

nach unten ab, doch erst für die unteren Stockwerke in stärkerem Maße, wenn nämlich der Lichtzutritt durch Nebengebäude behindert wird (vgl. Tabelle 7).

Wenn man bei mehrstöckigen Bauten auch die Möglichkeit hat, den oberen Stock noch mit Oberlicht zu versehen, so ist es gewöhnlich gerade dieses Stockwerk, das eine solche Verbesserung der Tagesbeleuchtung am wenigsten braucht.

Tabelle 8 zeigt, daß in Fabrikbauten mit Seitenlicht die Tageslichtquotienten durchschnittlich viel geringere Werte aufweisen als beim Vorhandensein von Oberlicht.

Tabelle 8.

Art des Betriebes	Fensterfläche in % der Bodenfläche	Tageslicht- quotient in %
Werkzeugmaschinen	14	0,6
Schlosserei . . .	14	0,5
» . . .	11	1,7
» . . .	13	2,0
» . . .	19	0,6
« . . .	20	0,9
Schleiferei	9	0,1 (!)
Schmiede	20	0,4

Man findet dann auch die Fälle, in denen am Tage künstliche Beleuchtung gebraucht wird, fast durchweg in Räumen mit Seitenlicht und kleinen Fenstern. Tabelle 9 gibt eine Übersicht über derartige Räume.

Tabelle 9. Räume mit ungenügender Tagesbeleuchtung.

Art des Betriebes	Fensterfläche in %	Tageslicht- quotient in %
Sackfabrikation .	5	0,13
Druckerei . . .	8	0,28
» . . .	12	0,32
Weberei	13	0,48
»	9	0,18

Während man bei der Verwendung von Oberlicht in bezug
auf Länge und Breite des Grundrisses nur durch die Einteilung
des Betriebes, durch Rücksichten auf Feuergefahr usw. beschränkt ist, muß bei der Grundrißgestaltung von Fabrikbauten mit ausschließlichem Seitenlicht auf die genügende
Tagesbeleuchtung geachtet werden. In erster Linie handelt
es sich hierbei um mehrstöckige Gebäude, deren Breite aus
diesem Grunde nicht über ein bestimmtes Maß hinausgehen
darf. In der Länge ist man dagegen praktisch unbeschränkt.
Wird der Grundriß durch eine einzige Werkstätte ohne
Zwischenwände eingenommen, so werden etwa an den Stirn-
seiten des Baues vorhandene Fenster den Tageslichtquotienten
dort nur verbessern.

Mit der Breite von Fabrikbauten, die nur von einer
Längsseite Tageslicht bekommen, wird man im allgemeinen

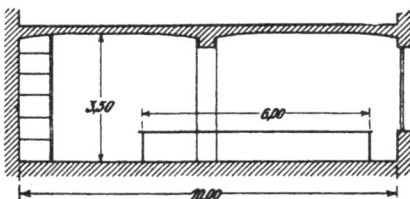

Abb. 12.

bei Geschoßhöhen von 3 bis 4 m nicht über 10 bis 12 m hinausgehen (Abb. 12). Von dieser Breite können nur 6 bis 8 m, von
den Fenstern aus gerechnet, für Arbeitsplätze benutzt werden,
während der Rest an der Innenwand für den Verkehr und für
das Aufstapeln von Halbfabrikaten u. dgl. benutzt wird,
wofür eine geringere Beleuchtungsstärke genügt.

Liegt bei einseitiger Anordnung die Fensterreihe nicht
nach Norden, so ist mit dem direkten Einfall des Sonnen-
lichtes während eines Teils der Tagesstunden zu rechnen.
Die dem Fenster benachbarten Plätze werden hierdurch
schwer verwendbar, denn es muß eine feste, für jede Art der
Arbeit geltende Regel bleiben, daß direktes Sonnenlicht
von ihr ferngehalten wird. Durch die Verwendung von Vor-

hängen wird diese Bedingung zwar erfüllt, doch auf Kosten
der Beleuchtung der weiter innen gelegenen Arbeitsplätze,
die doch schon einen niedrigen Tageslichtquotienten besitzen.

Viel günstiger verhalten sich in dieser Beziehung die
Fabrikräume mit Fensterreihen an den beiden Längsseiten
(Abb. 13). Hier sind bei direktem Sonnenschein nur bei einer
der beiden Fensterreihen Vorhänge zu benutzen, während die

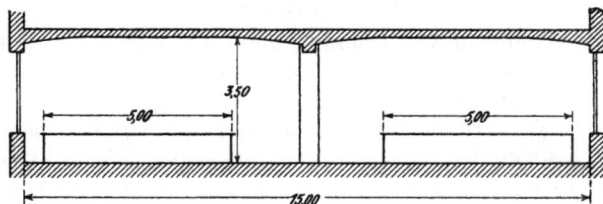

Abb. 13.

in der Mitte des Raumes liegenden Arbeitsplätze von zwei
Seiten Tageslicht erhalten. Mit der Gesamtbreite wird man hier
nicht über 20 m hinausgehen, wobei ebenfalls die inneren Teile
des Raumes, also hier die Mitte, als Ver-
kehrsweg und zum Abstellen von Ma-
terialien gebraucht werden. Zum Auf-
stellen von Werkzeugmaschinen ist der
Mittelgang bei einer Breite von 15 bis
20 m weniger geeignet. Da aber die
Beleuchtungsverhältnisse in hohem Maße
von den angrenzenden Gebäuden, von
der Innenausstattung der Werkstätte,
der Stockwerkhöhe usw. abhängig sind,
können die hier genannten Zahlen nur
einen ungefähren Anhalt geben.

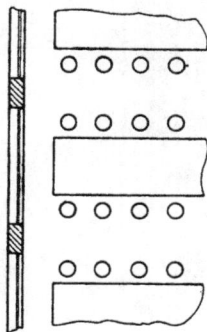

Abb. 14.

Bei der Anordnung der Arbeitsplätze stellt man die Werkbänke und
Tische am besten quer zur Längsachse des Baues, und
zwar den Fensterachsen entsprechend (Abb. 14). Stehen
diese Tische in der Längsrichtung des Baues, so sieht die
Hälfte der Arbeiter durch die Fenster ins Freie, bzw. in den
leuchtenden und unter Umständen blendenden Himmel,

während die andere Hälfte stets durch den eigenen Körper
die Arbeit beschattet. Bei Werkzeugmaschinen läßt sich diese
Anordnung allerdings mit Rücksicht auf die übliche Richtung
der Transmissionswellen nicht vermeiden. Da sie aber nur
von einer Seite bedient werden, ergibt es sich von selbst, daß
der Arbeiter nicht den Rücken dem Fenster zuzukehren braucht.

§ 15. Lichthöfe.

Die geschlossene Bebauung eines Grundrisses von mehr
als 20 m Breite durch einen mehrstöckigen Fabrikbau mit
Seitenlicht ist nur durch die Anwendung von Lichthöfen
möglich. Diese müssen einen solchen Querschnitt besitzen,
daß durch die an sie grenzenden Fenster ein genügender
Tageslichtstrom gelangen kann. Auf eine genügende Beleuchtung in einer Tiefe bis 20 m wie bei zweiseitiger Tagesbeleuchtung durch nach außen liegende Fenster kann man bei Licht-

Abb. 15
Im Keller liegender Maschinenraum.

Abb. 16.
Verbesserte Beleuchtung des Maschinenraums in Abb. 15 durch Luxferprismen.

höfen allerdings nicht rechnen, sondern es dürften 15 m die
Grenze für die Gesamtbreite des Raumes sein, mit Rücksicht
auf eine genügende natürliche Beleuchtung.

In vielen Fällen, namentlich bei vorhandenen Bauten, ergibt sich die Notwendigkeit, den Tageslichtquotient bei Seiten-
beleuchtung für die inneren Arbeitsplätze zu verbessern.
Durch die Verwendung besonderer Fenstergläser (Luxfer-
Prismen) kann man z. B. in dem vom Fenster abgekehrten Ende
von Kellerräumen noch eine brauchbare Tagesbeleuchtung
erzielen (Abb. 15 und 16). Es wird hierdurch allerdings nicht
der Übelstand aufgehoben, daß die Beleuchtung stark seitlich
erfolgt, wodurch Arbeiter, Maschine und Werkstücke starke
Schatten werfen. Auch wird der mittlere Tageslichtquotient
durch derartige Prismengläser weniger beeinflußt, da sich der
Lichtstrom, der durch das Fenster eintritt, in seiner Größe nicht
ändert. Er wird nur gleichmäßiger über den Raum verteilt.

Für den Fall, daß sich Gebäude in unmittelbarer Nähe
befinden, die den Lichtzutritt hindern (was ja bei Lichthöfen
gewissermaßen stets der Fall ist), kann eine wesentliche Verbesserung der Tagesbeleuchtung dadurch erzielt werden,
daß man die den Fenstern gegenüberstehende Wand zur
Reflexion des Lichtes heranzieht. Es ist hierbei natürlich
nicht an die Verwendung von Glasspiegeln gedacht, sondern
an einen hellen Farbton, der entweder durch Anstrich der Wand
oder durch die Verwendung weißer, glasierter Fliesen oder
Ziegel erreicht werden kann. Das erste Verfahren ist billig
in der Anlage, muß aber meistens jedes Jahr zu Anfang des
Winters wiederholt werden, während die weißen Ziegel in
der Anlage teuer, dagegen einfach in der Unterhaltung sind.
Letztere kommen für ganze Außenwände nur dort in Frage,
wo ein hellfarbiger weißlicher Ziegelstein in der Nähe erzeugt
wird, während ihre Verwendung bei Lichthöfen auf alle Fälle
außerordentlich empfehlenswert ist.

Es würde auch zur Verbesserung der Beleuchtung in
Räumen, die ihr Licht von den sog. Lichthöfen in unseren
Großstädten erhalten müssen, bedeutend beitragen, wenn dort
die Wände geweißt oder wenigstens in hellem Farbton gehalten
und von Zeit zu Zeit gereinigt würden. Der Vorteil dieser
Maßnahme ist so groß, daß die Kosten, abgesehen von dem
angenehmeren Arbeiten bei genügendem Tageslicht, schon
durch die Verringerung der künstlichen Beleuchtung bestritten
werden können. In welch hohem Maße die Beleuchtung in
und durch Lichthöfe von dem Reflexionsvermögen der Wände
abhängig ist, hat Sharp gezeigt[27]).

§ 16. Die Richtung des einfallenden Lichtes.

Wie schon beim Oberlicht erwähnt, ist die Größe des
Tageslichtquotienten nicht allein maßgebend für die Beurteilung der natürlichen Beleuchtung, sondern es spielt auch
die Richtung des auf den Arbeitsplatz eintreffenden Lichtes
eine wichtige Rolle. Daher ist es begreiflich, daß eine Beleuchtung, wie sie in Abb. 17 dargestellt ist, und wie sie bisweilen
in den oberen Stockwerken größerer Gebäude vorgefunden

wird, außerordentlich unzweckmäßig ist. Wenn die Fenster
sich so tief am Boden befinden, kann das Licht von unten
aus überhaupt nicht mehr auf die
Arbeitsplätze fallen. Die Fenster
sind im Gegenteil möglichst hoch
bis an die Decke heranzuführen.
Falls ein Fenster geweißt, oder in
sonstiger Weise die freie Aussicht
verhindert werden soll, genügt hierzu gewöhnlich der untere Teil, der
für die natürliche Beleuchtung eine
w e i t g e r i n g e r e Rolle spielt als
der obere Teil.

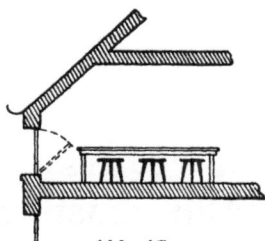

Abb. 17.
Falsche Fensteranordnung.

Die Zunahme der Fensterfläche bei modernen Industrie-
bauten zeigt, daß man ihre Bedeutung für den freien Eintritt
des Tageslichtes erkannt hat. Es gibt Gebäude, deren Wände
neben den zum Tragen unbedingt notwendigen Teilen n u r aus
Fenstern bestehen. Wie vorteilhaft eine derartige Ausführung
auch für die Tageslichtverhältnisse ist, so darf man doch
nicht übersehen, daß sie gleichzeitig größere Anforderungen
an die Heizung der Fabrikräume im Winter stellt. Außerdem
wirken diese Fensterflächen, wenn sie nicht durch weiße Vorhänge verdeckt werden, während der Dunkelheit so, als ob
die Wand an der betreffenden Stelle s c h w a r z wäre. Infolgedessen kann man sich dann auf einen wesentlichen Einfluß der
Reflexion des künstlichen Lichtes an den Wänden überhaupt
nicht mehr verlassen. Es steht hierfür nur noch die Decke
zur Verfügung, die allerdings bei den modernen Fabrikbauten
in Eisenbeton weiß gehalten werden kann und die sich dann
vorzüglich für halbindirekte oder indirekte Beleuchtung
eignet, über die in § 27 Näheres zu sagen sein wird.

Kapitel VI.

Die künstlichen Lichtquellen unter besonderer Berücksichtigung der elektrischen Glühlampen.

§ 17. Die Wahl der Lichtquelle.

Für Fabrikbeleuchtung kommen in Frage:

A. Lampen mit flüssigen oder gasförmigen Brennstoffen:
1. offene Flammen: Leuchtgas (Schnittbrenner), Azetylen, Petroleum.
2. Glühlicht für Leuchtgas, Luftgas, Spiritus.
B. Elektrische Lampen:
1. Bogenlampen mit Reinkohlen und Effektkohlen; Quecksilberdampf- und Quarzlampen.
2. Glühlampen: Kohlenfadenlampe, Metallfadenlampe, Gasfüllungslampe (sog. Halbwattlampe).

Die Wahl der Lichtquelle für die Beleuchtung eines industriellen Betriebes wird von den verschiedensten Faktoren beeinflußt.

Welche Energieform zur Lichterzeugung benutzt wird, hängt in erster Linie davon ab, ob Elektrizität, Leuchtgas, Azetylen usw. zur Verfügung steht. Hat man in dieser Hinsicht noch freie Wahl, so werden die Kosten der Anlage und des Betriebes, die Frage der Bedienung und lichttechnische Gründe, wie die Art der Aufhängung und die zu verwendenden Reflektoren den Ausschlag geben. Da kleinere Betriebe oft zum Zwecke des elektromotorischen Antriebs an ein öffent-

liches Elektrizitätsversorgungsnetz angeschlossen sind, und
da größere Fabriken häufig eigene Anlagen zur Erzeugung
elektrischer Energie besitzen, ist die elektrische Fabrikbeleuchtung außerordentlich verbreitet. Aus verschiedenen
Gründen, wie bequeme Bedienung, leichte Unterhaltung, An-
passung der Lampengröße, wird die Beleuchtung mit elektrischen Glühlampen, welche diese Eigenschaften in hervor-
ragendem Maße besitzen, immer mehr bevorzugt.

Ausschließlich auf Gasbeleuchtung angewiesen sind außer
jenen Fabriken und Werkstätten, die nur Anschluß an ein
Leuchtgasversorgungsnetz besitzen, solche
Anlagen, die selbst Gas erzeugen müssen,
entweder für ihren Betrieb (z. B. autogene
Schweißung mit Azetylen) oder infolge
isolierter Lage und kleinen Umfangs des
Betriebes, bei dem sich eine eigene elektrische Stromerzeugungsanlage nicht
lohnt. Dort kommt die Azetylen- oder
die Luftgasversorgung in Frage. Für diese
Anlagen gelten natürlich die gleichen
lichttechnischen und lichthygienischen
Gesichtspunkte, die für elektrische Beleuchtungsanlagen maßgebend sind. Ihre
Berücksichtigung wird jedoch oft erschwert durch die einzuhaltende Lage
oder durch geringe Tragbarkeit der Lichtquellen, durch mangelnden Spielraum in
bezug auf die Größe der Lichtquellen
usw. Allerdings fehlt es nicht an Versuchen, den Gaslampen eine ähnliche vielseitige Verwendbarkeit zu geben wie den

Abb. 18.
Gassteckkontakt.

elektrischen Glühlampen, wovon z. B. der Gassteckkontakt
nach Behr-Pintsch (Abb. 18) und die Werkstatthandlampe
für Gasglühlicht von Ehrich und Graetz (Abb. 19) Zeug-
nis ablegen.

Bei der Besprechung der Lichtquellen, ihrer lichttechnischen Eigenschaften und ihrer Zubehörteile müssen wir uns
mit Rücksicht auf den Umfang dieses Buches insofern eine

Beschränkung auferlegen, als wir sie nur auf die elektrischen Glühlampen erstrecken können. Maßgebend für die Wahl dieser Lichtquelle ist ihre weite und stets zunehmende Verbreitung für Fabrikbeleuchtung, in der sie in den letzten Jahren auch angefangen hat, die Bogenlampe zu verdrängen. Abgesehen hiervon eignet sich die elektrische Glühlampe mit ihrem weiten Lichtstärkebereich besonders für eine eingehende Behandlung der Zubehörteile (wie Reflektoren und Glocken), die zwar bei jeder Lichtart benutzt werden, für die Glühlampe jedoch am weitesten durchgebildet sind. Vieles von dem, was in diesen Kapiteln über die Glühlampe und ihre Verwendung gesagt ist, gilt sinngemäß übertragen auch für die anderen Lichtquellen.

Bis vor einigen Jahren teilten sich zwei Lichtquellen in der elektrischen Fabrikbeleuchtung nach einem feststehenden Schema, das sich auf Grund ihrer

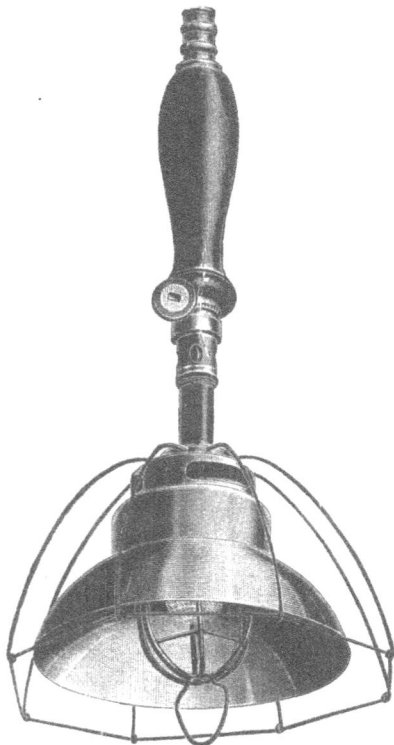

Abb. 19.
Werkstatthandlampe für Gasglühlicht.

Eigenschaften ergab. Die Bogenlampe in ihren verschiedenen Ausführungsformen (Reinkohlen-, Effekt-, Dauerbrand-, Quecksilber- und Quarzlampe) diente der Allgemeinbeleuchtung der Werkstätten, die Glühlampe dagegen der Beleuchtung der einzelnen Arbeitsplätze, Werkzeugmaschinen usw. Je nach der Art des Betriebes traten Bogenlampe und Glühlampe gleichzeitig oder einzeln auf. In Montagehallen, Gie-

Bereien und ähnlichen Betrieben wurde nur die Bogenlampe benutzt, niedrige Werkstätten, wie Drehereien, Schlossereien usw. wurden dagegen vorwiegend durch Glühlampen beleuchtet. Die Versuche, der Bogenlampe diese Anwendungsgebiete durch die sog. Kleinbogenlampe ebenfalls zu erobern, haben keinen Erfolg gehabt. Dagegen konnte die Glühlampe nach Einführung des Wolframdrahtes durch die sog. Intensivglühlampen (mit Lichtstärken über 100 HK) die Bogenlampe bei der Allgemeinbeleuchtung ersetzen. Bei einem Stromverbrauch von 0,8 Watt/HK war die hochkerzige Metallfadenlampe schon gewissen Bogenlampenarten, wie der Wechselstrom-Reinkohlenlampe, wirtschaftlich überlegen.

§ 18. Die neuere Entwicklung der elektrischen Glühlampe.

In der sog. »Halbwattlampe« (1913) entstand auch den anderen Bogenlampen ein erfolgreicher Wettbewerber. Wenn die Halbwattlampe auch in bezug auf die spez. Lichterzeugung noch nicht die günstigsten Werte der Bogenlampe erreicht, so kommt dieser Umstand bei Fabriken mit eigener Stromerzeugungsanlage und geringen Selbstkosten weniger in Betracht. Außerdem wird er aufgewogen durch die Einfachheit der Bedienung und den Wegfall der Reparaturen, durch die Gleichmäßigkeit des Brennens und die Anpassungsmöglichkeit der Lampengröße an die erforderliche Beleuchtung.

Die »Halbwattlampe« stellt gegenüber der hochkerzigen Metallfadenlampe einen erheblichen Fortschritt dar. Durch einen schraubenförmig*) gewundenen Wolframdraht in einem dieses Metall nicht angreifenden Gas (Stickstoff, Argon), wird die Verdampfung des Wolframs bei den hohen Temperaturen des glühenden Drahtes verringert. Die hierdurch ermöglichte weitere Steigerung der Temperatur des Leuchtkörpers führt zu einer Verbesserung des Wirkungsgrades, wobei allerdings der Name Halbwattlampe keine glücklich gewählte Bezeichnung ist, da der spezifische Stromverbrauch nicht für alle Lampen gleich, sondern von der Größe der Lampen

---

*) Die Bezeichnung »spiralig« für diese Leuchtkörperform ist nicht korrekt.

abhängig ist. Aus diesem Grunde kommt die Lampe jetzt
unter Phantasienamen wie Nitra, Azo, Wotan-G, Sparwatt,
Atmos, Arga usw. in den Handel, während man die Lampen-
gattung als:» Gasfüllungslampe« bezeichnet.

Tabelle 10.

Jahr	Glühlampe	Watt/HK_{hor}	Watt/HK_O	Lumen/Watt
1881	Kohlenfaden . . .	4,5—3,0	5,3—3,5	2,4—3,6
1904	Kohle metallisiert .	2,2	2,6	4,8
1904	Tantal	1,5	1,9	6,7
1906	Wolfram	1,1—1,0	1,4—1,25	9—10
1911	Wolfram-Intensiv .	0,8	1,0	12,5
1913	Gasfüllung (Halbwatt):	Watt/HK_O		
	10 Amp.		0,55	23
	5 «		0,57	22
	3 «		0,61	21
	2 «	0,5	0.67	19
	1 «		0,77	16
	0,4 «		0,92	14

Tabelle 10 gibt einen Überblick über die Entwicklung
der Glühlampe im Laufe von 35 Jahren. Die letzten 3 Spalten
enthalten die verschiedenen Größen, durch die der Wirkungsgrad der Glühlampe gekennzeichnet werden kann. Die erste
Größe: Watt/HK_{hor} wurde früher als »Ökonomie« bezeichnet,
später durch den besseren Ausdruck: »spezifischer Wattverbrauch«. Diese Zahlen zeigen die bei der Kennzeichnung
eines Wirkungsgrades ungewöhnliche Eigenschaft, daß sie
um so kleiner werden, je vollkommener die Lichterzeugung
erfolgt.

§ 19. Die Kennzeichnung der Glühlampen[28]).

Die Lichtstärke, die diesen bis vor 2 bis 3 Jahren für Glühlampen noch allgemein üblichen Zahlen zugrundeliegt, ist
die mittlere horizontale Lichtstärke. Sie ist gewöhnlich
höher als die mittlere räumliche Lichtstärke (vgl. S. 36), die

allein in einer festen Beziehung zu dem von der Lampe erzeugten Gesamtlichtstrom steht. Der Umstand, daß die mittlere räumliche Lichtstärke einer Glühlampe geringer war als die Nennlichtstärke J_h, spielte für den Vergleich der verschiedenen Glühlampen untereinander keine Rolle, solange die Leuchtkörper die bekannte gleiche Anordnung, nämlich eine Anzahl hin- und hergezogener Drähte auf einem Zylindermantel, aufwiesen. (Abb. 20.) Das Verhältnis der mittleren räumlichen Lichtstärke zur mittleren horizontalen Lichtstärke, der sog. Reduktionsfaktor, hatte dadurch für alle Glühlampen denselben Wert (ungefähr 0,8). Wenn somit auch der Laie einen zu günstigen Eindruck von der Lichtstärke der Glühlampe erhielt, und die Zahlen in Wirklichkeit um 20% erniedrigt werden mußten, hatte die Bezeichnung der horizontalen Lichtstärke doch für die Glühlampenfabrikation solche Vorteile, daß man nicht ohne wichtige Gründe davon abgehen konnte. In dem Augenblick aber, wo das Verhältnis zwischen mittlerer räumlicher Lichtstärke und mittlerer horizontaler Lichtstärke infolge der verschiedenartigen Anordnung der Drähte im Leuchtkörper nicht mehr bei allen Lampen gleich war, son-

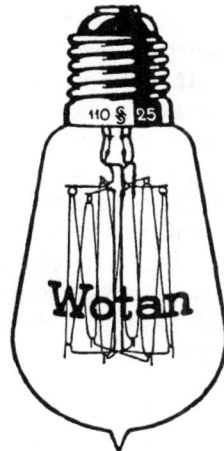

Abb. 20.

dern zwischen 0,75 und 1,25 schwankte, mußte man die mittlere horizontale Lichtstärke als Nennlichtstärke aufgeben und an ihre Stelle als Lichtstärke eine Größe setzen, die ein Maß für den gesamten Lichtstrom ist. Man hat sich nicht sogleich für den Lichtstrom selbst und für seine Einheit, das Lumen, entschieden, sondern hat diesen wichtigen Schritt der Zukunft überlassen und sich zunächst mit der mittleren räumlichen Lichtstärke begnügt. Zahlenmäßig unterscheiden sich diese beiden Größen durch den konstanten Faktor $4\pi = 12{,}56$, mit dem J_o in HK multipliziert werden muß, um den Lichtstrom in Lumen zu erhalten.

Die allgemeine Verwendung der mittleren räumlichen
Lichtstärke an Stelle des »Lichtstroms« durch Techniker
und Laien ist nicht ganz unbedenklich. Zunächst ist es nicht
folgerichtig, eine Größe, die einen Lichtstrom darstellt, als
Lichtstärke zu bezeichnen, weil diese beiden Größen in ihrem
Wesen verschieden sind. Die hierdurch entstehende Gelegenheit zu Mißverständnissen wird noch dadurch vergrößert,
daß die genaue Unterscheidung zwischen mittlerer horizontaler
Lichtstärke (der früheren Nennlichtstärke der Glühlampen)
und der mittleren räumlichen Lichtstärke (der neuen Nennlichtstärke der Glühlampen) praktisch nicht durchgeführt
werden kann. Dafür sind die Bezeichnungen zu lang und zu
umständlich und liegt ihre Verwechslung zu nahe. Wird aber
schlechthin von »Lichtstärke« gesprochen, so weiß man nicht,
welche von beiden gemeint ist. Diese Größen können aber
um 20% verschieden sein. Auch aus diesen Gründen bietet
die Einführung des Lichtstroms und seiner Einheit, des Lumens,
wesentliche Vorzüge, und es ist zu erwarten, daß die Entwicklung der Lichttechnik in nicht zu ferner Zeit zu einer allgemeinen
Verwendung dieser Begriffe führen wird. Da der Lichtstrom als
Lichtleistung aufgefaßt werden kann (vgl. S. 32), und die
elektrische Leistung in Watt gegeben ist, liegt es nahe, den
Wirkungsgrad der Glühlampe durch das Verhältnis dieser
beiden Leistungen zu bezeichnen, auch wenn sie physikalisch
nicht ohne weiteres gleichgestellt werden können. Die Zahl
der Lumen pro Watt gibt in der Tat den besten Anhalt
für die spezifische Lichterzeugung einer Lichtquelle.
Diese Zahlen sind in der letzten Spalte der Tabelle auf S. 58
angegeben. Sie wachsen mit jedem Fortschritt der Glüh-
lampentechnik. Bei den neueren Glühlampen können sie
genügend genau als ganze Zahlen dargestellt werden, während
die Watt/HK$_0$ in der vorletzten Spalte der Tabelle 10 bei
allen neueren Lichtquellen die Form von Dezimalbrüchen
erhalten.

Wird die Größe einer Glühlampe, wie es neuerdings
üblich ist, durch ihre Leistungsaufnahme in Watt gekennzeichnet, so genügt die Multiplikation dieser meist runden
Zahlen (60, 100, 150, 300 usw.) mit den Lumen pro Watt,

um den erzeugten Lichtstrom zu erhalten, der (vgl. § 44) auch die zweckmäßigste Größe für die einfache Berechnung von Beleuchtungsanlagen ist. Während man aus der mittleren räumlichen Lichtstärke den Lichtstrom durch Multiplizieren mit 12,5 (genauer mit 12,56), erhält, ist für die horizontale Lichtstärke der normalen Metallfadenlampen die Umrechnungszahl in Lumen 10*).

Auch für Kohlenfadenlampen erhält man, ohne eine große Ungenauigkeit zu begehen, den Lichtstrom durch Multiplikation der Lichtstärke mit 10.

§ 20. Glühlampen mit besonderer Anordnung des Leuchtkörpers.

Neben der Metallfadenlampe mit der normalen Drahtanordnung (Abb. 20) entstand in den letzten Jahren eine Reihe abweichender Leuchtkörperformen, z. T. mit gestrecktem Leuchtdraht, zum größten Teil mit schraubenförmig gewundenem Draht. Bei diesen Lampen mit Schraubendraht kann man den bedeutend verkürzten Leuchtkörper an zahlreichen Punkten in kurzer Entfernung voneinander aufhängen, wodurch die Lampe besonders widerstandsfähig gegen Erschütterungen wird (Abb. 21). Bei diesen Lampen dürfen allerdings die einzelnen Schraubenwindungen nicht zu eng nebeneinander verlaufen, damit nicht infolge des Durchhanges und

Abb. 21:

der Erschütterungen einzelne Windungen zusammenschweißen. Auch für die Lichterzeugung selbst ist eine nicht zu dichte Lage-

---

*) Bei den normalen Metallfadenlampen ist

$$J_o = \frac{\pi}{4} \cdot J_h.$$

der Lichtstrom: $\Phi = 4\pi \cdot J_o$

oder: $= 4\pi \cdot \frac{\pi}{4} \cdot J_h$

$= \pi^2 J_h \cong 10 J_h$

rung der Windungen bei diesen Vakuumlampen nach L u x [29]) von
Vorteil, im Gegensatz zu den Gasfüllungslampen, bei denen
die einzelnen Windungen möglichst dicht nebeneinander liegen
sollen.

Für die Glühlampen mit besonderer Leuchtkörperanordnung (mit ringförmigem oder kegelförmigem Drahtsystem)
wird eine Reihe weiterer Vorteile beansprucht. Infolge der
gedrungenen Anordnung des Leuchtkörpers ist die Glühlampenglocke k l e i n e r als bei normalen Glühlampen. Das ist nur äußer-
lich ein Vorzug, da Glühlampen mit kleiner Glasglocke im
Betrieb eher schwarz werden. Dadurch ist die Brenndauer
einer Lampe mit Schraubendraht bei gleicher Beanspruchung
kürzer als die der normalen Glühlampe, bzw. es ist bei gleicher
Brenndauer die spezifische Lichterzeugung (Lumen pro Watt)
kleiner.

Ein weiterer Vorzug, der bei der Einführung der Glühlampen mit besonders geformtem Leuchtkörper hervorgehoben
wurde, sollte die erhöhte Lichtausstrahlung nach u n t e n sein.
Durch die Anordnung des Leuchtkörpers kann jedoch der
Lichtstrom, der in den unteren Halbraum fällt, gegenüber
dem Lichtstrom im oberen Halbraum nicht vergrößert werden,
diese sind vielmehr zunächst stets gleich [30]). Allerdings erfährt der Lichtstrom im oberen Halbraum durch die Schatten-
wirkung des oberen Glühlampensockels eine gewisse Verminderung, wodurch sich scheinbar ein etwas günstigerer Wert
für den Lichtstrom im unteren Halbraum ergibt. Der Lichtstrom im unteren Halbraum überwiegt aber nur dann wesentlich, wenn die Glühlampenglocke auf der oberen Hälfte ver-
silbert, mattiert, emailliert oder mit einem kleinen Milchglas-
reflektor versehen wird. In diesem Fall ist es aber nicht die
Leuchtkörperanordnung, sondern der Reflektor, der, wie jeder
andere Reflektor auch, den Lichtstrom im unteren Halbraum
vergrößert. Lichttechnisch hat die Verwendung des kleinen
mit der Glühlampe verbundenen Reflektors gegenüber dem
getrennten Reflektor keinen Vorteil.

Durch die Leuchtkörperanordnung ist es allerdings
möglich, die Lichtverteilung in dem Sinne zu beeinflussen,
daß an Stelle des seitlich gerichteten Lichtstärkemaximums

bei den normalen Glühlampen (Abb. 22) ein nach unten ge-
richtetes Maximum von gleicher Größe tritt[31]). Das gleichzeitig vorhandene Maximum senkrecht nach oben tritt nach

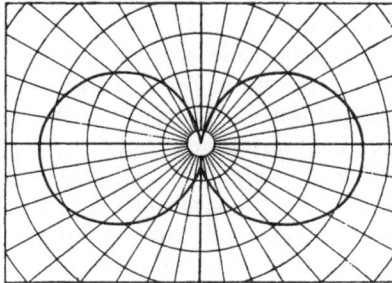

Abb. 22.
Lichtverteilung einer normalen Metalldrahtlampe.

außen hin nicht auf (Abb. 23), da sich an dieser Stelle die
Glühlampenfassung befindet. Man erzielt die gleiche Wirkung
einfacher und besser dadurch, daß man normale Glühlampen
horizontal anordnet. Die
normale Leuchtkörperanordnung der Vakuumglühlampe
mit gestrecktem Draht hat in
der Tat in bezug auf Bauart,
Herstellung und Gebrauch
solche Vorzüge, daß sie vor-
läufig wohl nicht verschwinden
wird.

Es ist fraglich, ob die
Versuche, die Lichtverteilung
der Glühlampen durch die Anordnung des Leuchtkörpers zu
beeinflussen, überhaupt prak-
tischen Wert besitzen. Die hierdurch bewirkten Änderungen
der Lichtverteilung sind gering,

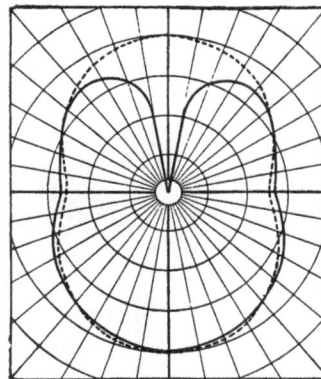

Abb. 23.
Lichtverteilung einer Metalldrahtlampe m. ringförmigem Drahtsystem:
———— praktische Lichtverteilung,
·············· theoretische Lichtverteilung.

wenn wir sie mit denen vergleichen, die ein guter Reflektor
hervorbringt. Jeder Nachweis, daß sich mit einer bestimmten

Lichtverteilung einer Glühlampe eine günstigere oder gleich-
mäßigere Beleuchtung des Arbeitsplatzes erzielen läßt, setzt
voraus, daß die Beleuchtung dieses Arbeitsplatzes eben nur
durch die nackte Glühlampe erfolgt. In einer lichttechnisch
einwandfreien Beleuchtungsanlage wird man aber niemals
die Glühlampe allein gebrauchen, sondern wird stets die im
nächsten Kapitel erwähnten Zubehörteile, wie Reflektoren,
Glocken oder Armaturen verwenden, die einen viel größeren
Einfluß auf die Lichtverteilung haben, und die gleichzeitig
das direkte Licht der Lampe für das Auge abblenden. Wird
eine Glühlampe in Verbindung mit einem Reflektor oder einem
anderen Zubehörteil benutzt, so wird sich der Einfluß der verschiedenen Lichtverteilung der Glühlampe um so weniger
bemerkbar machen, je besser der Reflektor oder die Armatur
ist, d. h. je größer der Einfluß ist, den sie selbst auf die Lichtverteilung ausüben. Für einen derartigen Reflektor kommt nur
der Lichtstrom in Frage, wie er von der Glühlampe erzeugt
wird, die Lichtverteilung der Glühlampe selbst tritt dem-
gegenüber zurück.

Kapitel VII.

Die Zubehörteile der Lichtquellen.

Glühlampen in Fassungen, an Pendeln oder Schnüren ergeben noch keine Beleuchtungsanlage. Diese Teile dienen zusammen mit Schaltern, Sicherungen und Zuleitungen der Stromzuführung und der Lichterzeugung. In lichttechnischer Beziehung ist eine derartige Anlage unvollständig, da die Zubehörteile der Lichtquellen zur richtigen Verwendung des Lichtes fehlen.

Die Aufgaben dieser Zubehörteile sind sowohl lichttechnischer als mechanischer Art. Zu den lichttechnischen Aufgaben gehören die Beeinflussung der Lichtverteilung, sowie der Schutz der Augen gegen die Blendung durch die nackte Lichtquelle. Die Lichtquelle kann durch einen undurchsichtigen Schirm vollständig verdeckt werden, oder das Licht wird durch lichtstreuende Stoffe (Glocken und durchscheinende Reflektoren) zerstreut. In mechanischer Hinsicht müssen die Zubehörteile der Lichtquelle Schutz gegen Beschädigungen oder eindringende Feuchtigkeit gewähren, oder die Entzündung leicht brennbarer Stoffe verhindern. Dieser Schutz kann in verschiedenartiger Weise erfolgen, vom einfachen Schutzkorb und der Glasglocke mit oder ohne Umspinnung bis zur wasserdichten und explosionssicheren Armatur. Sowohl eine lichttechnische als eine mechanische Aufgabe haben schließlich die Vorrichtungen zur Verstellung der Glühlampenfassung zu erfüllen, durch welche die Lichtquelle in die günstigste Stellung zum Reflektor oder zur Glocke gebracht werden kann.

§ 21. Die Reflektoren.

In stärkerem Maße, als es durch die Anordnung des Leuchtkörpers (vgl. S. 63) möglich ist, wird die Lichtverteilung
der Glühlampe durch einen Reflektor geändert. Von dem
Lichtstrom, der von der Glühlampe ausgeht, wird ein Teil
von dem Reflektor aufgefangen. Er tritt nach erfolgter Reflexion aus der Öffnung des Reflektors aus, zusammen mit
jenem Teil des Lichtstroms, der nicht auf den Reflektor fiel
und der daher, in der Richtung unverändert, unmittelbar
den Reflektor veranlassen kann. Je größer der Anteil des
Lichtstroms ist, der vom Reflektor aufgefangen wird, um so
größer wird auch der reflektierte Lichtstrom gegenüber
dem direkt austretenden Lichtstrom sein, und um so größer
die Beeinflussung der Lichtverteilung durch den Reflektor,
da der unmittelbar austretende, nichtreflektierte Teil des Lichtstroms keine Änderung seiner Verteilung erfährt. Hieraus
geht der Vorteil tiefer Reflektoren hervor, in die die Lichtquelle
weit zurücktritt, und die den größeren Teil des Lichtstroms
auffangen und reflektieren (Abb. 24). Anderseits wird ein

Abb. 24.   **Abb. 25.**
Reflektor von tiefer Form.   Reflektor von unzweckmäßiger Form.

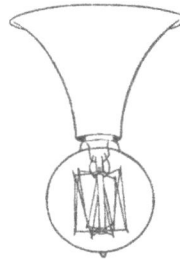

Reflektor, wenn er nur einen geringen Lichtstrom auffängt,
auch nicht in der Lage sein, einen erheblichen Lichtstrom
zu reflektieren. Der größte Teil des Lichtstroms bleibt dann
in seiner Verteilung unverändert. Daher wird ein Reflektor,
wie groß er auch sei, nur eine geringe Wirkung haben, wenn
er nicht selbst von der Lichtquelle stark beleuchtet wird.

Kegelförmige Reflektoren nach Abb. 25 bleiben z. B. zum größten Teil dunkel, sie fangen nur einen geringen Lichtstrom auf und üben daher auf die Lichtverteilung kaum eine Wirkung aus. Schon aus diesem Grunde ist diese Form als Reflektor ungeeignet, sie vermittelt höchstens bei einer an der Decke befestigten Glühlampe den allmählichen Übergang zur Decke.

Die übliche konkave (hohle) Form des Reflektors ist nicht nur zweckmäßiger, weil sie die Lichtquelle viel weiter umfaßt und dadurch einen entsprechend größeren Lichtstrom auffängt und reflektiert, sondern auch, weil nur bei diesen

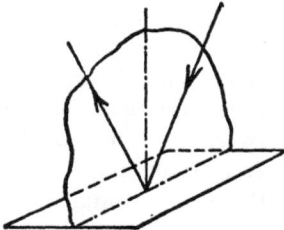

Abb. 26.
Spiegelnde Reflexion.

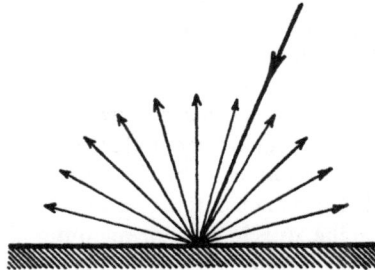

Abb. 27.
Diffuse Reflexion.

Reflektoren von tiefer Form die Lichtquelle dem Auge verborgen bleibt und dieses so gegen Blendung geschützt wird.

Bei der Untersuchung der Frage, in welcher Weise Reflektoren das Licht zurückwerfen, und welchen Einfluß hierbei die Form des Reflektors hat, müssen wir zunächst auf die verschiedenen Arten der Reflexion eingehen. Bei polierten Metallen (also auch bei versilberten Glasreflektoren) sowie bei den mit total-reflektierenden prismatischen Glasrippen versehenen Holophanreflektoren erfolgt die Zurückwerfung des Lichtes nach dem sog. Spiegelungsgesetz. Der Ausfallswinkel des reflektierten Lichtstrahls ist hierbei stets gleich dem Einfallswinkel des zugehörigen auftreffenden Lichtstrahls. Beide Strahlen liegen in einer Ebene, die senkrecht zur reflektierenden Ebene steht (Abb. 26). Wir bezeichnen diese Art der Reflexion als spiegelnde Reflexion. Während ihr für die Physik, insbesondere für die geometrische Optik

eine besondere Bedeutung zukommt, ist für die Lichttechnik
eine andere Art der Reflexion weit wichtiger. In den meisten
Fällen erfolgt nämlich in der Natur die Zurückwerfung des
Lichtes nicht nach dem Gesetz der spiegelnden Reflexion.
So findet bei Papier, Milchglas, emailliertem Eisenblech,
weißen Lackschichten und ähnlichen vorwiegend zu Reflektoren benutzten Stoffen das Zurückwerfen des Lichts nicht
in einer genau vorgeschriebenen Richtung statt, es wird vielmehr jeder Teil der beleuchteten Reflektorinnenfläche selbst
zur Lichtquelle (sekundäre Lichtquelle) und strahlt Licht
nach allen Seiten aus. (Abb. 27.) Das Lambertsche Gesetz
(vgl. S. 39) trifft für diesen als diffuse oder zerstreute Reflexion bezeichneten Vorgang mit praktisch genügender Genauigkeit zu.

Der Unterschied zwischen spiegelnder und diffuser Reflexion macht sich natürlich bei der Wirkungsweise der Reflektoren stark bemerkbar[32]). Bei dem spiegelnden Reflektor
wird der Lichtstrom genau in jene Richtungen zurückgeworfen,
welche durch die Formgebung des Reflektors bestimmt sind.
Es ist sogar beim Scheinwerfer, dem typischen Beispiel eines
spiegelnden Reflektors, möglich, den ganzen reflektierten
Lichtstrom nahezu in eine Richtung zu werfen.

Bei der zerstreuten Reflexion ist diese starke Beeinflussung des reflektierten Lichtstroms überhaupt nicht möglich,
da die Reflexion des Lichtes nicht unter feststehenden Winkeln,
sondern nach verschiedenen Richtungen erfolgt. Abgesehen
von dem unmittelbar von der Lichtquelle durch die Reflektor-
öffnung austretenden Lichtstrom erfolgt die Lichtverteilung
des zerstreut reflektierten Lichtes so, als ob die Reflektor-
öffnung eine zerstreut leuchtende Scheibe bildet (vgl. Abb. 10).
Der Einfluß der Form eines diffusen Reflektors auf die Lichtverteilung ist daher sehr gering. Das ist so zu verstehen, daß
es für die Lichtverteilung keine Rolle spielt, ob die Innenfläche
des Reflektors gewellt oder glatt ist, und ob die Formgebung
nach mathematischen Gesichtspunkten erfolgt ist oder nicht,
vorausgesetzt, daß das Verhältnis des reflektierten Lichtstroms
zu dem frei austretenden Lichtstrom unverändert bleibt.
Die bei Reflektoren oft besonders hervorgehobene parabolische,

hyperbolische und elliptische Form ist wertlos, sobald es sich nicht um einen spiegelnden, sondern um einen lichtstreuenden Reflektor handelt. Diffuse Reflektoren mit diesen besonderen Formen sind gewöhnlich im Banne der falschen Vorstellung entstanden, daß das Spiegelungsgesetz: Ausfallwinkel = Einfallwinkel auch für die d i f f u s e Reflexion gilt. Wenn dennoch bei den diffusen Reflektoren verschiedenartige Lichtverteilungen auftreten, so liegt das hauptsächlich an dem wechselnden Verhältnis zwischen dem reflektierten und dem direkten Lichtstrom, das bedingt ist durch den Bereich, in dem der Reflektor die Lichtquelle umfaßt. Die F o r m des diffusen Reflektors ist also insofern nicht ohne Belang, als sie, zusammen mit der S t e l l u n g der Lichtquelle, die G r ö ß e des reflektierten Lichtstroms bedingt. Wir müssen ferner berücksichtigen, daß die praktisch benutzten, zerstreut reflektierenden Stoffe oft eine glänzende Oberfläche (Email, Milchglas) haben, an der ein geringer Teil des Lichtstroms (rund 5%) spiegelnd reflektiert wird. Man bezeichnet diesen Vorgang als g e m i s c h t e Reflexion. Zu der Lichtverteilung des diffusen Reflektors tritt dann die Lichtverteilung eines spiegelnden Reflektors von gleicher Form, dessen Lichtstrom jedoch nur ein Bruchteil (etwa $^1/_{20}$) des gesamten reflektierten Lichtstroms ist. Hierdurch erklären sich auch die bisweilen auftretenden Spitzen in den Lichtverteilungskurven, die beim rein diffusen Reflektor unmöglich wären.

Man muß damit rechnen, daß die Lichtverteilung eines bestimmten Reflektors an sich gar nicht feststeht, sondern von der S t e l l u n g der Lichtquelle zum Reflektor und dann von der G r ö ß e (A u s d e h n u n g) der Lichtquelle abhängt. Ist diese gering, so können sogar infolge der an sich g e r i n g e n spiegelnden Reflexion s c h a r f ausgeprägte Spitzen in der Lichtverteilungskurve auftreten, die eine ungleichmäßige Beleuchtung zur Folge haben. Diese störende »S c h e i n w e r f e r - w i r k u n g« bei gemischter Reflexion läßt sich gewöhnlich dadurch ausgleichen, daß man die Stellung der Lichtquelle zum Reflektor ändert. Abb. 28 zeigt die Lichtverteilungskurven eines emaillierten Reflektors bei verschiedenen Stellungen der Lichtquelle. Während bei der ersten Stellung (A) der Ein-

fluß des spiegelnden Anteils der Reflexion sich in der Lichtverteilung sehr bemerkbar macht, ist dieses nach einem Ver-

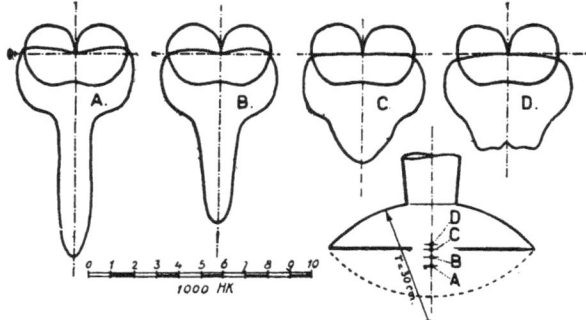

Lichtverteilungskurven eines kugelförmigen Reflektors.
Abb. 28.

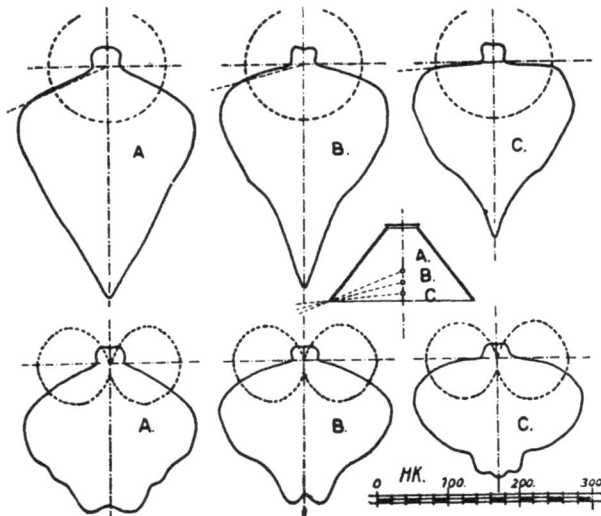

Abb. 29.
Lichtverteilungskurven des kegelförmigen Reflektors.
Obere Reihe: mit Schraubendrahtlampe.
Untere Reihe: mit normaler Metalldrahtlampe.

stellen der Lampe um etwa 5 cm (Kurve *D*) nicht mehr der
Fall. Bei dem Kegelreflektor mit einem Spitzenwinkel von

etwa 90⁰ bleibt die Scheinwerferwirkung dagegen bei den verschiedenen Stellungen der Glühlampe bestehen (Abb. 29). Diese Reflektoren eignen sich daher nicht zum Gebrauch mit Glühlampen mit kleinem Leuchtkörper (Gasfüllungslampen), wenn man auf eine gleichmäßige Beleuchtung (z. B. bei Zeichentischen) Wert legt.

Die durch den Reflektor bewirkte Änderung der Verteilung des Lichtstroms hat zur Folge, daß die L i c h t s t ä r k e in einem Teil der vom Reflektor ausgehenden Richtungen erhöht, in anderen dagegen verringert wird. Der g e s a m t e L i c h t - s t r o m wird aber durch die bei de Reflexion auftretenden Verluste stets k l e i n e r. Da die Reflexionsverluste nicht nur von dem Reflexionsvermögen des Reflektormaterials abhängen, sondern auch von der Größe des reflektierten Lichtstroms, darf man sie nicht ohne weiteres als Maß für die Güte des Reflektors betrachten. In dieser Hinsicht ist also der Begriff des Wirkungsgrades eines Reflektors (Verhältnis des aus dem Reflektor tretenden Lichtstroms zum erzeugten Lichtstrom) nur unter Vorbehalt zu gebrauchen. Ein Reflektor aus einem Stoff von geringem Reflexionsvermögen kann trotzdem einen hohen Wirkungsgrad besitzen, wenn der Lichtstrom, der reflektiert wird, infolge der Form des Reflektors oder infolge der Stellung der Lichtquelle nur gering ist. Ändert sich der reflektierte Anteil des Lichtstroms, etwa infolge der Verstellung der Lichtquelle, so ändert sich der Wirkungsgrad bei einem und demselben Reflektor.

Bis vor kurzem wurde der Reflektor noch als untergeordnetes Hilfsmittel in Beleuchtungsanlagen betrachtet. Erst die durch die Einführung der Gasfüllungslampe veranlaßten Untersuchungen haben einen besseren Einblick in das Verhalten der praktisch gebrauchten Reflektoren gegeben.[32])

§ 22. Lichtstreuende Glocken.

Eine Glocke aus lichtstreuendem Material, welche die Lichtquelle umgibt, übt keinen so starken Einfluß auf die Lichtverteilung aus wie ein Reflektor. So ist es z. B. niemals möglich, mittels einer Glocke eine ausgeprägte, einseitige Lichtverteilung zur Beleuchtung eines Arbeitsplatzes zu

erzielen. Dagegen erfüllen die Glocken eine andere, nicht weniger wichtige lichttechnische Aufgabe, indem sie durch die
Streuung des Lichtes den Glanz (die Flächenhelle) der Licht-

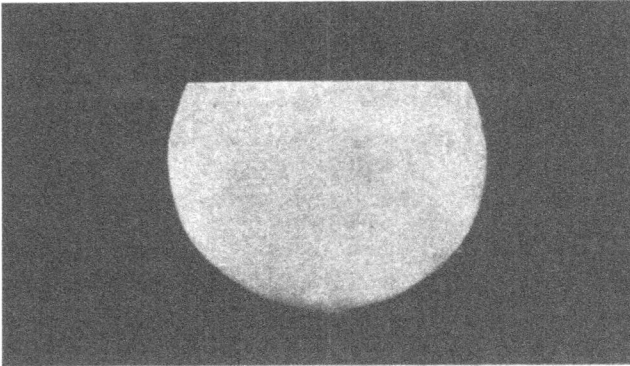

Abb. 30.
Vollkommen lichtstreuende Glocke.

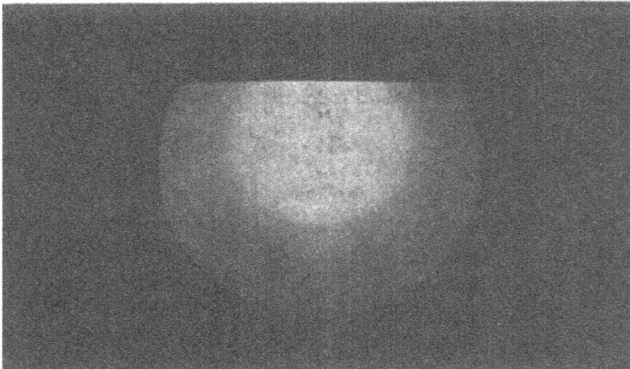

Abb. 31.
Unvollkommen lichtstreuende Glocke.

quelle verringern und so die Blendung des Auges verhindern.
Verwendet man ein vollkommen lichtstreuendes Material,
wie Milchglas oder Opalüberfangglas, welches das Licht praktisch nach dem Lambertschen Gesetz (vgl. S. 39) zerstreut,

so erscheint eine Glocke, da die Flächenhelle unabhängig ist von dem Winkel, unter dem die Fläche betrachtet wird, als gleichmäßig leuchtende Scheibe (Abb. 30). Die Glocke ist eine sekundäre Lichtquelle von viel größerer Ausdehnung als der Leuchtkörper der Glühlampe, und dementsprechend findet eine Verminderung der Flächenhelle (HK/cm^2) statt. Auf diese Weise läßt sich leicht eine Flächenhelle erzielen, welche der auf Seite 17 erwähnten Forderung in bezug auf ihren Höchstwert (0,75 HK/cm^2) entspricht. Hieraus folgt, daß die lichtstreuende Umhüllung einer Lichtquelle ihren Zweck nur erfüllt, wenn zwei Bedingungen genügt ist. Die Glocke muß so groß sein, daß die Flächenhelle auf das entsprechende Maß zurückgeführt wird, und außerdem muß das Material der Glocke vollkommen lichtstreuend sein. Letzteres ist z. B. beim Mattglas (vgl. Abb. 31) nicht der Fall. Dort bleibt die Lichtquelle sichtbar in Form eines hellen Flecks, dessen Flächenhelle den zulässigen Höchstwert übersteigt, wenn

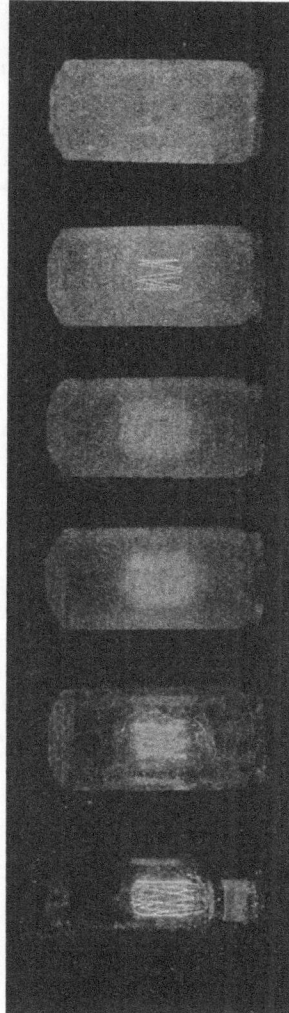

Abb. 32. Verschiedene lichtstreuende Glocken.

die Abmessungen der Glocke im Verhältnis zur Lichtstärke der Lichtquelle nicht außergewöhnlich groß gewählt werden[33]). Mattglas ist daher als unvollkommener Lichtstreuer nach

Möglichkeit von der Verwendung auszuschließen, wenn die lichtstreuenden Glocken die Blendung verhindern sollen. Das gleiche gilt von anderen lichtstreuenden Gläsern, die z. T. unter phantastischen Namen (wie »karooptisch«), in den Handel kommen, aber dabei lichttechnisch minderwertig sind. Abb. 32 zeigt eine Reihe von Glocken für Metalldrahtlampen von 50 HK, die den Unterschied der verschiedenen lichtstreuenden Gläser gut erkennen lassen. Die Glocken bestehen aus:

a) Klarglas,
b) Crackle-Klarglas (Eisglas),
c) innen mattiertes Klarglas,
d) innen und außen mattiertes Klarglas,
e) opaleszentes Glas,
f) opalüberfangenes Glas.

Die Lichtverteilung einer vollkommen lichtstreuenden Glocke richtet sich nach ihrer F o r m. Für einfache Formen, wie Kugel, Halbkugel und Zylinder gelten daher die in Abb. 8 angegebenen Lichtverteilungskurven. Bei Glocken, deren Form aus mehreren einfachen Körpern zusammengesetzt ist (z. B. Zylinder mit Halbkugel), läßt sich die Lichtverteilung ebenfalls vorher bestimmen[34]).

Neben der Verringerung der Flächenhelle hat die Vergrößerung der Lichtquelle bei Verwendung einer lichtstreuenden Glocke den Vorzug, daß die Schlagschatten weniger scharf begrenzt sind als bei einer kleinen Lichtquelle. Außerdem werfen Gegenstände, die sich in der Nähe der Lichtquelle befinden, und deren Abmessungen kleiner sind als die der Glocke, entweder keinen oder keinen störenden Schatten mehr. Es erübrigt sich daher z. B., in eine lichtstreuende Glocke zwei Glühlampen zu tun, um die scharfen Schatten eines Aufhängemastes zu vermeiden, und man kann diese wenig beachtete Eigenschaft verwenden, um in Fabrikhallen die Beleuchtungskörper zwischen Binder oder Transmissionen aufzuhängen.

§ 23. Armaturen für indirekte und halbindirekte Beleuchtung.

Bei der indirekten Beleuchtung wird ein Reflektor in umgekehrter Lage, mit nach oben gerichteter Öffnung, gebraucht, um die Decke zu beleuchten. Als Material für den Reflektor kommt entweder emailliertes Blech in Frage oder versilbertes Glas. Damit im letzten Fall (spiegelnde Reflexion) keine ungleichmäßige, streifige Beleuchtung der Decke entsteht, muß die spiegelnde Oberfläche mit Wellungen versehen sein. Derartige Reflektoren werden in Amerika und England vielfach zur indirekten Beleuchtung gebraucht (X-Ray-Reflektoren).

In den oben offenen Reflektoren lagert sich Staub ab, der ihre Wirkung beeinträchtigt. Diese Ablagerung wird vermieden, bzw. die Reinigung vereinfacht, durch eine als Abschluß dienende Klarglasschale (Abb. 33). Da für die indirekte Beleuchtung größere Gasfüllungslampen bevorzugt werden, muß eine geeignete Lüftung für den Reflektor vorgesehen sein, sowie eine der in § 24 beschriebenen Einstellvorrichtungen für die Glühlampe, durch die man z. B. die Größe der beleuchteten Deckenfläche regeln kann. Vor allem darf der Leuchtkörper der Glühlampe niemals höher liegen als der Reflektorrand.

Abb. 33.

Nimmt man an Stelle des undurchsichtigen Reflektors der oben beschriebenen Armaturen für indirekte Beleuchtung einen durchscheinenden Reflektor aus Milchglas od. dgl., so erhält man die einfachste Form der Armaturen für halbindirekte Beleuchtung. Abb. 34 stellt eine derartige Armatur der Auergesellschaft dar. In der Absicht, das nach oben geworfene Licht besser zu reflektieren, hat man die Armaturen für halbindirekte Beleuchtung auch mit einem kegelförmigen

Deckenreflektor versehen (Abb. 35), dessen Nutzen jedoch
bezweifelt werden muß. Er fängt nur einen sehr geringen
Teil des Lichtstroms auf und kann als streuender Reflektor

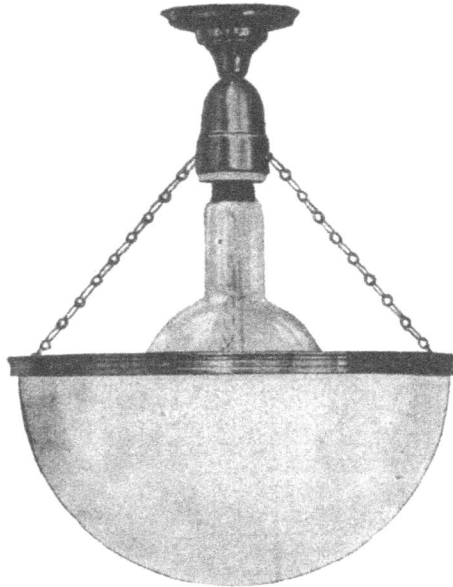

Abb. 34.

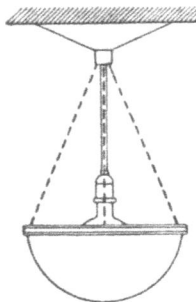

Abb. 35.

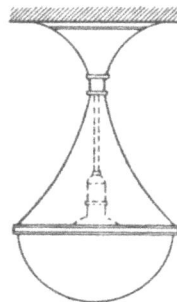

Abb. 36.

(Email) diesen Teil nicht anders reflektieren wie die Decke
selbst. Die Verwendung eines Klarglastrichters nach Abb. 36

gewährt nur einen teilweisen Schutz gegen Verschmutzung, da sich der Staub auf die äußere Fläche des Trichters absetzt. Eine bessere Anordnung des dem staubdichten Abschluß der Armatur dienenden Klarglasteils ist in Abb. 37 dargestellt. Alle lichtdurchlässigen Flächen sind hier nach unten geneigt und fangen wenig Staub auf.

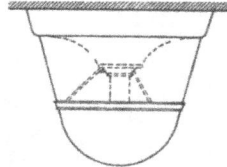

Abb. 37.

Sämtliche bisher beschriebenen Armaturen für halbindirekte Beleuchtung sind auf die Mitwirkung der Decke bei der Reflexion des Lichtes berechnet. Man kann jedoch die Decke durch einen besonderen Reflektor ersetzen, falls dieser groß genug ist und das gesamte sonst auf die Decke auftreffende Licht abfängt. Hierdurch wird die wirtschaftliche Verwendung der halbindirekten Beleuchtung (siehe § 27) auch in Räumen ohne weiße Decken ermöglicht. Abb. 38 stellt eine solche Armatur dar, deren Querschnitt aus Abb. 39 ersichtlich ist. Letztere Abbildung zeigt zugleich an mehreren Lichtverteilungskurven den Einfluß, den die Stellung der Glühlampe auch bei diesen Armaturen auf die Lichtverteilung hat.

Die hauptsächlich bei Armaturen für halbindirekte Beleuchtung benutzten Abschlußteile aus Klarglas haben infolge der Art ihrer Herstellung keine vollständig glatten Flächen, sondern weisen geringe Wellungen und Riefen

Abb. 38.

auf, die bei der Verwendung von Glühlampen mit großem Leuchtkörper nicht auffallen, wohl aber beim Gebrauch von

Gasfüllungslampen mit kleinem Leuchtkörper. Es entstehen dann auf der Decke und an den Wänden helle und dunkle Streifen und Schlieren infolge der verschiedenen Brechung des Lichtes. Durch eine leichte Mattierung der Klarglasteile

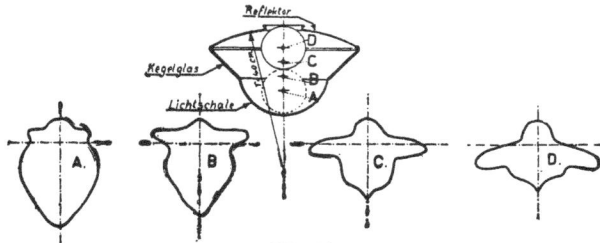

Abb. 39.

verschwinden diese unschönen Streifen. Da die Mattierung sehr dünn sein kann, übersteigt der Lichtverlust kaum 2% des von der Glühlampe ausgehenden Lichtstroms[35]).

§ 24. Die Einstellung der Glühlampe.

Die beträchtlichen Unterschiede in der Baulänge der Gasfüllungslampen, je nach Fabrikat und Wattverbrauch (vgl. Tabelle 11), riefen eine Reihe von Konstruktionen hervor, um die Glühlampenfassung zur Armatur bzw. die Armatur zur Glühlampenfassung zu verstellen. Wir sahen (S. 69), daß gerade bei dem kleinen Leuchtkörper der Gasfüllungsglühlampen der Einfluß der Stellung der Lichtquelle auf die Lichtverteilung erheblich ist. Aus älteren Reflektoren ragen die neuen Glühlampen infolge ihrer großen Länge weit hinaus und machen diese Reflektoren dadurch praktisch wirkungslos. Abb. 40 gibt eine einfache Einstellvorrichtung älterer Bauart für die Fassung wieder, bei der ein in dem äußeren Rohr gleitendes Rohr durch eine Schraube festgestellt werden kann. Vollkommener sind Einstellvorrichtungen, bei denen die Verstellung von außen bei geschlossener Armatur erfolgen kann, damit nicht bei jeder Änderung der Stellung der Glühlampe die Armatur bzw. ihre Glocke geöffnet werden muß. Die Gasfüllungslampe braucht dann nicht angefaßt zu werden, so daß man die Einstellung während des Brennens vornehmen

Tabelle 11.

Gasfüllungslampen mit Normal-Edisongewinde. **Gasfüllungslampen mit Goliathgewinde.**

Fabrikat	40 Watt		60 Watt		75 Watt		100 Watt		150 Watt		200 Watt		300 Watt		500 Watt		750 Watt		1000 Watt		1500 Watt		2000 Watt	
	L	ϕ	L	ϕ	L	ϕ	L	ϕ	L	ϕ	L	ϕ	L	ϕ	L	ϕ	L	ϕ	L	ϕ	L	ϕ	L	ϕ
AEG »Nitra«	105	60	115	70	120	70	140	80	175	90	210	120	320	120	325	130	400	150	440	170	455	200	490	240
Auer-Ges. »Azo« . .	120	60	135	70	160	80	175	90	185	100	205	120	265	120	300	150	320	170	320	170	360	200	400	240
Bergmann »Sparwatt«	120	60	140	75	160	85	160	85	195	100	240	120	260	120	310	150	310	150	330	170	360	200		
Philips »Arga« . . .	125	60	140	70	140	70	170	80	180	90	235	100	260	110	275	130	280	150	320	170	410	200		
Pintsch »Atlanta« . .	120	60	140	75	160	85	160	85	195	100	240	120	260	120	310	150	310	150	330	170	360	200		
Siemens »Wotan-G« .	120	60	150	75	150	75	180	90	190	100	190	100	230	120	300	130	300	150	320	170	360	200		
Watt A.-G. »Ferrowatt«	120	60	135	70	135	70	160	80	190	100	190	100	210	110	225	120	240	130	325	170	370	200		
von	105	60	115	70	120	70	140	80	175	90	190	100	210	110	225	120	240	130	320	170	360	200	400	240
bis	125	60	150	75	160	85	180	90	195	100	240	120	320	120	325	150	400	170	440	170	455	200	490	240

L = Gesamtlänge, ϕ = Durchmesser der Glocke (alle Maße in mm).

kann, ohne daß die Lampe vorher abgekühlt ist. Starke
Erschütterungen der Lampe dürfen bei der Verstellung nicht
auftreten. Es ist von Vorteil, wenn die leichteren Teile (Fas-

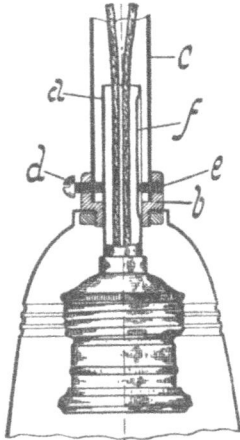

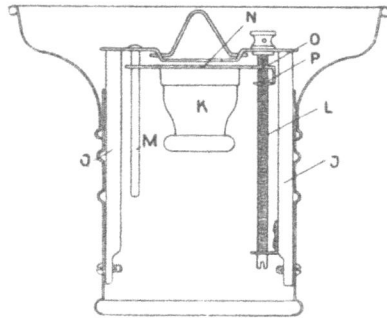

Abb. 40.   Abb. 41.

sung und Glühlampe) verstellt werden, während die schwerere
Armatur selbst dagegen unbeweglich bleibt. Einige Verstell-

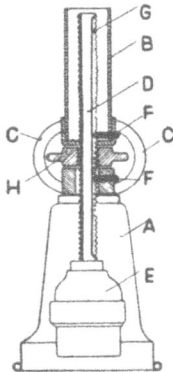

Abb. 42.

vorrichtungen dieser Art[36]) zeigen die Abb. 41
und 42. In beiden wird die Verstellung durch
eine Schraubspindel und eine Mutter bewirkt,
bei der Bauart nach Abb. 41 wird die Schraubspindel L von oben gedreht, während eine
gegen Drehung gesicherte Mutter OP die
Fassung K hebt und senkt. In der zweiten
Ausführung gemäß Abb. 42 trägt die Schraubspindel D die Fassung E. Die Spindel D ist
gegen Drehung gesichert und wird mittels
der Mutterschraube H gehoben und gesenkt.
Einfachere Verstellvorrichtungen für die
Glühlampenfassung zeigen auch die Abb. 91
u. 108. Bei der explosionssicheren Armatur
nach Abb. 91 bewegt sich die Fassung längs
eines Bocks mit parallelen Schenkeln, die aus gelochtem Flacheisen bestehen. Stahlkugeln, welche durch kleine Federn

gegen die Löcher in dem Flacheisen gedrückt werden, halten die Fassung in der jeweiligen Lage fest[37]).

In der Armatur nach Abb. 108 ist die Fassung dagegen mit zwei parallelen Stäben fest verbunden, die im Gehäuse geführt sind und durch eine von außen betätigte Schraube festgestellt werden können.

§ 25. Schutz der Glühlampe gegen Beschädigungen.

Die Armatur muß der Glühlampe den gerade in Fabriken und ähnlichen Betrieben recht nötigen Schutz gegen Beschädigungen bieten. Sie sollte, um diesen Zweck zu erfüllen, in erster Linie selbst kräftig genug gebaut sein. Dünnes Blech und eine nicht genügend feste Verbindung der verschiedenen Armaturteile untereinander bedingen die geringe Haltbarkeit einer Armatur. Wo mit Beschädigungen der Glasglocke gerechnet werden muß, verwendet man eine Umspinnung der Glocke, die das Herunterfallen größerer Glasscherben verhindert. Besseren Schutz bieten Schutzkörbe aus kräftigem Eisendraht, ev. in Verbindung mit Flacheisen. Die explosionssichere Armatur in Abb. 93 besitzt einen derartigen Schutzkorb. Für Handlampen ist die Verwendung eines Schutzkorbes allgemein üblich (Abb. 43).

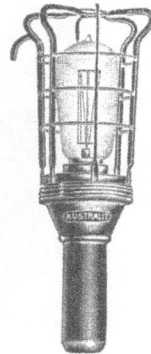

Abb. 43.

Infolge der in vielen Fabrikbetrieben auftretenden Erschütterungen können Glühlampen mit Edisongewinde sich in ihren Fassungen lockern und schließlich ganz herausfallen. Um dieses zu verhindern, versehen die Österr. Siemens-Schuckertwerke die Fassungen ihrer explosionssicheren Armaturen (vgl. Abb. 95) mit einem Klemmring[38]), der nach dem Einsetzen der Glühlampe

Abb. 44.

angezogen wird (Abb. 44). Bei der Swanfassung (Bajonettfassung) ist ein selbsttätiges Lockern der Glühlampe ausgeschlossen. Sie wird deshalb in Fahrzeugen und auf Schiffen

vorzugsweise verwandt. Für die größeren Stromstärken der
Gasfüllungslampen eignet sie sich jedoch infolge der kleinen
Kontaktflächen nicht.

Die Patentliteratur enthält eine große Anzahl von Konstruktionen, die ein sich Lockern der Gewindefassungen
(Edisonfassungen) vermeiden und außerdem die Lampe
gegen Diebstahl sichern sollen. Ein Erfolg ist ihnen bis jetzt
nicht beschieden gewesen.

Wo der Glühlampen-
diebstahl in Fabriken
einen zu großen Umfang
annimmt, behilft man sich
mit verschließbaren
Schutzkörben um den
Lampen. Einen guten
Schutz bietet auch eine
verschiedene Spannung
in der Fabrik und in dem
Wohnort der Arbeiter. Für
Lampen von 220 Volt hat
der Arbeiter z. B. keine
Verwendung, wenn die
Spannung in seiner Woh-
nung 110 Volt beträgt.

Abb. 45.

Offene Reflektoren und Glocken sind stets der Verstaubung
und Verschmutzung ausgesetzt, die naturgemäß in Fabrikbetrieben besonders stark ist. (Siehe § 50.) Abb. 45 zeigt einen
für die Beleuchtung von Fabrikräumen, Treppen, Magazinen,
Kellern usw. bestimmten Reflektor mit einer Abschlußschale
aus Klarglas. Bei den Armaturen ist darauf zu achten, daß
diese oft den Einflüssen der Feuchtigkeit (Regen, Schnee und
Dampf) oder der Einwirkung ätzender Stoffe ausgesetzt sind
(Säuredämpfe in chemischen Fabriken, Beizereien usw.).
Bei der Verwendung emaillierten Bleches, das für diese Teile
neben Porzellan in erster Linie in Betracht kommt, ist daher
auf beste Emaillierung zu achten. Bei dem minderwertigen
Email von Armaturen in niedriger Preislage kann man schon
nach kurzer Zeit ein Rosten beobachten, das innerhalb weniger

Jahre zum vollständigen Zerfall der Armatur führt. Wegen der Rostgefahr muß auch die Zahl der freiliegenden Löcher für Schrauben u. dgl. auf das geringste Maß gebracht werden, da hier gewöhnlich am ehesten das Rosten einsetzt. Nach erfolgter Emaillierung sollten überhaupt keine Löcher mehr gebohrt, noch andere Arbeiten an dem emaillierten Blech vorgenommen werden.

Bei der Bauart der Fassung und der Wahl der Zuführungsleitungen sind die zum Teil recht hohen Temperaturen zu berücksichtigen, die bei Lampen von großem Wattverbrauch an diesen Stellen auftreten.

Kapitel VIII.

Die künstliche Beleuchtung der Innenräume.

§ 26. Allgemeinbeleuchtung und Arbeitsplatzbeleuchtung.

Die Arbeit in Nachtschichten und an dunklen Winterabenden macht in den meisten Werkstätten eine künstliche Beleuchtung unentbehrlich, die in sehr verschiedener Weise erfolgen kann. Folgende Einteilung gibt eine Übersicht über die Arten der Innenbeleuchtung, wobei eine scharfe Grenze allerdings nicht immer zu ziehen ist.

1. Allgemeinbeleuchtung oder Raumbeleuchtung:
   a) direkt,
   b) halbindirekt,
   c) indirekt.
2. Arbeitsplatzbeleuchtung oder örtliche Beleuchtung (diese ist gewöhnlich nur direkt).
3. Gemischte Beleuchtung, unter gleichzeitiger Verwendung der allgemeinen und der örtlichen Beleuchtung.

Da man bei der Allgemeinbeleuchtung in bezug auf die Wahl der Arbeitsplätze und die Aufstellung von Werkzeugmaschinen in hohem Maße unabhängig von der Anordnung der Lichtquellen ist, kommt diese Beleuchtung in erster Linie in Betracht für jene Fabrikräume, in denen die Arbeitsplätze von vornherein gar nicht festgelegt werden können, oder wo diese ständig wechseln (z. B. in Gießereien und Montagewerkstätten). Ein Raum mit Allgemeinbeleuchtung ist weit besser zu übersehen und zu beaufsichtigen, als ein Raum mit örtlicher Arbeitsplatzbeleuchtung.

Bei der Allgemeinbeleuchtung wird die ganze Fläche des Raumes beleuchtet, der hierzu erforderliche Lichtstrom ergibt sich als Produkt aus der Fläche und der mittleren Beleuchtungsstärke. Es werden dabei auch die Teile des Raumes beleuchtet, in denen nicht gearbeitet wird.

Im Gegensatz hierzu wird die örtliche Beleuchtung den Arbeitsplätzen angepaßt. Da die wirklich zum Arbeiten benutzten Flächen kleiner sind als der gesamte Flächeninhalt des Raumes, läßt sich die örtliche Beleuchtung mit einem entsprechend geringeren Lichtstrom durchführen. Dieser Vorteil wird aber durch folgende Umstände wieder ausgeglichen: Bei örtlicher Beleuchtung muß die Beleuchtungsstärke auf dem Arbeitsplatz wesentlich höher sein als bei der Allgemeinbeleuchtung. Ferner bedingt die örtliche Beleuchtung eine weitgehende Unterteilung der Lichtquellen, die Anlage und Betrieb verteuert, da man auf große Einheiten bei den Lichtquellen verzichten muß. Bei den Gasfüllungslampen ist das ein schwerwiegender Nachteil. Als wichtiges Bedenken gegen die ausschließliche örtliche Beleuchtung wäre noch die mangelhafte Beleuchtung des nicht von den Arbeitsplätzen eingenommenen Raumes zu erwähnen. Wenn nicht durch das gleichzeitige Vorhandensein weißer Arbeitsflächen (Zeichentische, Weißzeugnäherei) und hellfarbiger Decken für eine genügende Reflexion des Lichtes gesorgt ist, leidet die Sicherheit des Verkehrs in den unbeleuchteten Gängen des Fabrikraumes. Auch wird durch den Kontrast zwischen hellbeleuchteter Arbeitsfläche und der dunklen Umgebung das Auge des Arbeiters ermüdet. Aus diesen Gründen ist man gewöhnlich gezwungen, neben der rein örtlichen Beleuchtung des Arbeitsplatzes eine Allgemeinbeleuchtung vorzusehen. Letztere besitzt bei dieser gemischten Beleuchtung zwar nicht jene Stärke, die für die betreffende Arbeit erforderlich ist, sie genügt aber für die gröberen Arbeiten, für die Übersicht über die Werkstätte, für den Personenverkehr und den Warentransport.

Infolge der Einführung der Gasfüllungslampe hat die Adgemeinbeleuchtung einen starken Aufschwung auch in den Räumen genommen, die bis dahin der Bogenlampe nicht

zugänglich waren. Bei der günstigen Lichtausbeute der Gasfüllungslampe (siehe S. 58) spielen die Betriebskosten eine
geringere Rolle. So kann man sich die Vorzüge der Allgemeinbeleuchtung zunutze machen, indem man überhaupt auf örtliche Beleuchtung verzichtet oder diese nur ausnahmsweise
heranzieht. Der Umstand, daß die Stromersparnis durch
die Gasfüllung nur den größeren Glühlampen zugute kommt,
und die kleineren, für Platzbeleuchtung in Frage kommenden
Gasfüllungslampen kaum einen geringeren Stromverbrauch
zeigen (siehe S. 58), begünstigt jede Beleuchtungsart, welche
diese Vorteile durch die Verwendung größerer Einheiten
ausnutzt. Außerdem besteht an sich schon die Tendenz,
die Fortschritte der Lichterzeugung nicht ganz zur Verringerung
des Stromverbrauchs auszunutzen, sondern auch zur Ver-
mehrung des Lichtstroms und zur Erzielung einer gleichmäßigen Beleuchtung des ganzen Raumes, um eine Beleuchtung zu erzielen, die sich mehr der natürlichen Beleuchtung
anpaßt.

§ 27. Direkte, halbindirekte und indirekte Beleuchtung [39]).

Die Beleuchtung ist direkt, wenn der Lichtstrom der
Lampen ausschließlich oder überwiegend in den unteren
Halbraum geworfen wird.

Die Beleuchtung ist halbindirekt, wenn der Lichtstrom
vorwiegend (also zu mehr als der Hälfte) in den oberen Halbraum geworfen wird. Dieser Teil des Lichtstroms beleuchtet
zunächst die Decke und die Wände und fällt erst von dort
aus auf die Arbeitsplätze. Man verbindet mit dem Begriff
der halbindirekten Beleuchtung die Vorstellung, daß der direkte
Teil des Lichtstroms durch eine lichtstreuende Schale hindurchgeht, so daß das Auge nicht geblendet wird. Der Zusammenhang besteht darin, daß es bei den in den oberen und den unteren
Halbraum ungefähr einen gleichen Lichtstrom ausstrahlenden
Glühlampen nur mittels einer als Reflektor wirkenden, unterhalb der Lichtquelle angebrachten, lichtstreuenden Schale
möglich ist, mehr als die Hälfte des Lichtstroms in den oberen
Halbraum zu entsenden.

Die Beleuchtung ist indirekt, wenn der ganze Lichtstrom in den oberen Halbraum geworfen wird und die Arbeitsplätze erst nach der Reflexion an Decke und Wände erreicht.

Ob die direkte, die halbindirekte oder die indirekte Allgemeinbeleuchtung anzuwenden ist, hängt sowohl von der Beschaffenheit des Raumes, als von der Art der auszuführenden Arbeiten ab.

Die indirekte und die halbindirekte Beleuchtung bedürfen, wie aus ihrer Definition hervorgeht, der Mitwirkung der Wände und der Decke (Abb. 46). Letztere kann bei der halbindirekten Beleuchtung allerdings auch durch einen Reflektor von genügender Größe und geeigneter Form ersetzt werden (vgl. S. 77). Voraussetzung ist ferner, daß Wände und Decke nicht einer raschen Verschmutzung ausgesetzt sind. Es muß vielmehr die Gewißheit bestehen, daß durch regelmäßiges Weißen für die Instandhaltung der Beleuchtungsanlage gesorgt wird. Diese Instandhaltung kommt übrigens auch der natürlichen Beleuchtung des betreffenden Raumes zugute.

Ungeeignet ist die indirekte Beleuchtung für Räume, deren Decken größere Fensteröffnungen besitzen (horizontale Oberlichter oder die geneigten Glasflächen der Sheddächer). Ebenso wie durch diese Öffnungen am Tage das Licht eindringt, tritt das Kunstlicht, welches auf sie fällt, nach außen. Sie verhalten sich daher am Abend wie dunkle, nicht reflektierende Wandflächen, die für die indirekte Beleuchtung ungeeignet sind.

Sinngemäß gilt das oben Gesagte auch für jene halbindirekte Beleuchtung, bei der nicht durch einen geeigneten Reflektor das nach oben ausgestrahlte Licht aufgefangen wird.

Die direkte Beleuchtung ist auf die Mitwirkung der Wände und der Decke nicht angewiesen. Ihr Anwendungsgebiet sind vor allem die Hallen mit Sheddächern und anderen Oberlichtöffnungen, sowie Gießereien, Schmieden und ähnliche Betriebe (Abb. 47), in denen mit starker Verschmutzung der Umgebung durch Staub und Rauch zu rechnen ist.

Gleich wichtig für die Wahl der Beleuchtungsart ist die
in dem Raum auszuführende Arbeit. Denn der Unterschied

Abb. 46. Indirekte Beleuchtung einer Spinnerei.

zwischen indirekter, halbindirekter und direkter Beleuchtung
besteht nicht nur in der verschiedenen Verteilung des Licht-

stroms auf den oberen und den unteren Halbraum. Diese verschiedene Verteilung hat vielmehr wesentliche Unterschiede in bezug auf die Richtung des auf den Arbeitsplatz auftreffen-

Abb· 47. Direkte Beleuchtung einer Eisenkonstruktions-Werkstätte.

den Lichtes zur Folge, die sich vor allem in der **Schatten-bildung** äußern.

§ 28. Die Schattenbildung bei direkter, halbindirekter und indirekter Beleuchtung.

Bei der direkten Beleuchtung durch eine Lichtquelle
von geringen Abmessungen treffen auf jede beleuchtete Stelle
nur Lichtstrahlen aus einer Richtung auf. Die entstehenden
Schlagschatten sind um so schärfer begrenzt, je weiter die
Lichtquelle entfernt und je kleiner sie ist und je dichter sich
der schattenwerfende Gegenstand bei der Fläche befindet,
auf der der Schatten entsteht. Die Schatten sind außerdem
um so tiefer (dunkler), je kleiner der von der Decke und den
Wänden zerstreut reflektierte Lichtstrom ist gegenüber dem
von der Lichtquelle direkt auftreffenden Lichtstrom. Das
Sehen von Gegenständen, die in diesen Schlagschatten liegen,

Abb. 48.
Direkte Beleuchtung durch eine Lichtquelle.

wird nicht nur durch die geringe Beleuchtungsstärke, sondern
auch durch den starken Kontrast zur hellbeleuchteten Umgebung des Schattens (Kontrastblendung) erschwert. Der
Schatten wird auch dann störend empfunden, wenn die Beleuchtungsstärke im übrigen genügend ist. Abb. 48 zeigt diese
Schattenverhältnisse für direkte Beleuchtung bei einigen
einfachen Gegenständen (Vielflächner, Kreisscheibe und Zirkel)
als Schattenprüfer.

Bei der direkten Beleuchtung durch mehrere Lichtquellen
gilt unverändert das über die Schärfe der Schatten Gesagte.
Die Tiefe der Schatten wird dagegen, von einigen verblei-

benden Kernschatten abgesehen, geringer infolge der Aufhellung durch einen Teil der Lichtquellen. Während hierdurch
das Erkennen der beschatteten Teile erleichtert wird, rufen
die zahlreichen, in den verschiedensten Richtungen verlaufen-

Abb. 49.
Direkte Beleuchtung durch mehrere Lichtquellen.

den Schatten (Abb. 49) den Eindruck der Unruhe auf das Auge
hervor. Bei andauernder, angestrengter Tätigkeit ermüdet das
Auge unter dieser Beleuchtung rasch. Hierin liegt der physio-

Abb. 50.
Indirekte Beleuchtung durch Decke und Wände.

logische Nachteil jener Zerstreuung der Beleuchtung, die durch
Verwendung zahlreicher kleiner Lichtquellen bezweckt wird.

Im Gegensatz zur direkten Beleuchtung sind die Schatten
bei der indirekten Beleuchtung wenig ausgeprägt. Sie sind
nicht scharf begrenzt, sondern zeigen einen allmählichen

Verlauf infolge der großen Flächenausdehnung der leuchtenden
Decke. Zugleich wird durch die Decke und durch das von den
Wänden reflektierte Licht eine starke Aufhellung der Schatten
erzielt. Tiefe Schlagschatten treten daher bei der indirekten

Abb. 51.
Indirekte Beleuchtung nur durch die Decke.

Beleuchtung nicht auf. Daß aber die bisweilen gehörte Behauptung, die indirekte Beleuchtung sei schattenlos und
daher als unbrauchbar zu verwerfen, nicht zutrifft, zeigen die

Abb. 52.
Indirekte Beleuchtung durch einen Teil der Decke.

folgenden Abbildungen. Sie bestätigen das Ergebnis theore-
tischer Überlegungen, auf die hier nicht weiter eingegangen
werden kann, und zeigen, in welcher Weise man die Schatten
bei der indirekten Beleuchtung beeinflussen kann. Bei Abb. 50
waren sowohl die Decke als auch der obere Teil der Wände

des betreffenden Raumes von dem direkten Licht der Lichtquelle beleuchtet. Die Schattenbildung ist hier am geringsten und entspricht ungefähr derjenigen im Freien bei bedecktem Himmel. Abb. 51, bei der nur die Decke beleuchtet war und

Abb. 53.
Halbindirekte Beleuchtung (Lichtquelle hoch).

Abb. 52, bei welcher der Reflektor in der Hauptsache eine Kreisfläche von etwa 3 m Durchmesser an der Decke beleuchtete, zeigen die zunehmende Schattenbildung bei Verringe-

Abb. 54.
Halbindirekte Beleuchtung (Lichtquelle tief).

rung der Fläche, von der das reflektierte Licht ausgeht. Diese Möglichkeit, den Schatten bei der indirekten Beleuchtung zu beeinflussen, wird noch nicht genügend ausgenutzt.

Daß die halbindirekte Beleuchtung auch in bezug auf die Schattenbildung einen Übergang zwischen indirekter und direk-

ter Beleuchtung bildet, geht aus den Abb. 53 u. 54 hervor.
Erstere stellt die halbindirekte Beleuchtung durch einen unmittelbar unter der Decke hängenden Beleuchtungskörper dar.
Der direkte Anteil der Beleuchtung bedingt eine schärfere Be-
grenzung der Schatten, die sich jedoch noch wesentlich von dem
aus Abb. 48 ersichtlichen Charakter des Schattens bei direkter
Beleuchtung unterscheidet. Insbesondere geht das aus Abb. 54
hervor. Der Beleuchtungskörper für halbindirekte Beleuchtung
hing bei diesem Beispiel etwa in gleicher Höhe wie die Lichtquelle in Abb. 48. So sind z. B. der Schatten der Spitze des
auf der Kreisscheibe liegenden Körpers und der Schatten
der Zirkelspitzen gut zu erkennen.

Durch die verschiedenen Beleuchtungssysteme lassen
sich also die verschiedenartigsten Wirkungen in bezug auf
Schärfe, Tiefe und Richtung der Schatten erzielen. Es
ist begreiflich, daß der Erfolg einer künstlichen Beleuchtungsanlage neben der richtigen Beleuchtungsstärke von
der zweckentsprechenden Wahl des Beleuchtungssystems
und der Anordnung der Lichtquellen abhängt.

Eine ausgeprägte Schattenbildung wird z. B. für die
Arbeiten benötigt, bei denen infolge der Einfarbigkeit des
Materials die Unterscheidung beim Sehen überhaupt erst
durch den Schatten ermöglicht wird. Wir nennen als Beispiele: Nähen, Sticken, Spitzenklöppeln; Weben, Gravieren
in Holz und Metall, Feilenhauen und die Bearbeitung der
Matern in der Buchdruckerei.

Dagegen wird eine starke Schattenbildung, wie sie bei
der direkten Beleuchtung auftritt, störend wirken bei feinmechanischen Arbeiten, beim Formen und Modellieren, bei
der Bearbeitung und Montage von Maschinen und deren Teilen,
beim Stanzen (siehe Abb. 81) und bei ähnlichen Arbeiten.

§ 29. Die Beleuchtung spiegelnd reflektierender Gegenstände.

Wir sehen jeden Gegenstand dadurch, daß er das auftreffende Licht reflektiert, und zwar zerstreut (siehe S. 68).
Bei dieser Reflexion wird kein Spiegelbild der Lichtquelle
erzeugt. Bei der Beleuchtung spiegelnd reflektierender
Gegenstände entstehen dagegen Spiegelbilder der Lichtquelle,

deren Glanz sich nur wenig von dem der Lichtquelle selbst
unterscheidet, und die daher in gleicher Weise das Auge blenden können wie die nackte Lichtquelle. In diesen Fällen genügt es nicht, einen Reflektor so anzuordnen, daß keine direkten Strahlen der Lichtquelle das
Auge treffen, da dieses bei der Arbeit infolge der Spiegelung dennoch
in den nach unten offenen Reflektor
und in die nackte Lampe hineinsieht. (Abb. 55.)

Die spiegelnde Reflexion des
Arbeitsstücks ist zu beachten beim
Verarbeiten, Zuschneiden, Stanzen,
Löten von Weißblech und anderen
polierten Blechen, bei der Anfertigung
von Galvanos und dem Polieren aller
metallisch glänzenden Gegenstände.
In gewissem Grade tritt diese Spiegelung auch bei blanken Maschinen-
teilen auf.

Befindet sich die spiegelnde Fläche stets in derselben Stellung und

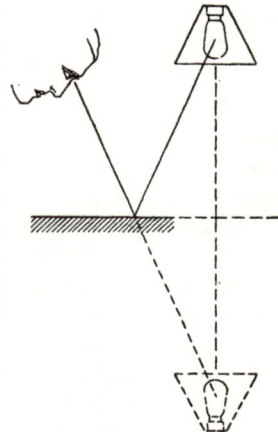

Abb. 55.

ist auch die Lage des Auges des Arbeiters zum Werkstück gegeben, so kann man, da die Spiegelung des Lichtes
nach dem bekannten Gesetz (Abb. 26) erfolgt, in den meisten
Fällen die Lichtquelle so anordnen, daß der Arbeiter auch ihr
Spiegelbild nicht sieht. Kommen mehrere Lichtquellen für
die Beleuchtung in Betracht, so ist diese Anordnung nicht so
einfach durchzuführen. Gleiches gilt auch für den Fall, daß
die glänzenden Stücke ihre Lage fortwährend ändern, z. B.
in der Klempnerei oder beim Sortieren von Weißblechab-
fällen. Die Lichtquellen müssen dann durch lichtstreuende
Umhüllungen auf eine solche Flächenhelle gebracht werden,
daß das Auge auch durch ihr Spiegelbild nicht geblendet
wird. Da die Flächenhelle des Spiegelbildes sich nur um den
Betrag der Absorption des Lichtes bei der Reflexion von der
Flächenhelle der Lichtquelle unterscheidet, muß man in diesem
Fall die nämlichen Anforderungen an die lichtstreuenden

Glocken stellen, die für die direkte Beleuchtung gelten. Die halbindirekte und die indirekte Beleuchtung sind in diesem Fall gut zu verwenden. Letztere soll nur die Decke oder einen Teil derselben umfassen, da sonst die sich in den Metallteilen spiegelnde Umgebung zu gleichmäßig beleuchtet ist und die Gegenstände nicht plastisch genug hervortreten.

§ 30. Die erforderliche Beleuchtungsstärke.

Es gibt keinen Raum, in dem die Beleuchtung an allen Stellen genau gleich ist. Auch bei der indirekten Beleuchtung, die als die gleichmäßigste Beleuchtungsart betrachtet wird, macht sich eine geringe Abnahme der Beleuchtung in der Nähe der Wände bemerkbar.

Zur Kennzeichnung der Stärke der Beleuchtung in einem Raum mit Allgemeinbeleuchtung ist daher die »mittlere Beleuchtungsstärke« in einer Höhe von 1 m über dem Fußboden am geeignetsten.

Diese mittlere Beleuchtung ist nicht der Mittelwert zwischen der höchsten und der niedrigsten Beleuchtungsstärke, sie stellt vielmehr das Mittel aus einer großen Anzahl gleichmäßig verteilter Messungen (siehe S. 33) dar und wird deshalb durch das zufällige Auftreten einzelner Stellen mit besonders hoher oder besonders niedriger Beleuchtungsstärke kaum beeinflußt. Die Gleichmäßigkeit der Beleuchtung in Innenräumen zahlenmäßig festzulegen durch die gemessenen Höchst- und Mindestwerte ist bedenklich.

Durch Verhinderung des Lichtzutritts an irgendeiner Stelle kann ein Minimum entstehen, das in keiner Weise für die sonstige Verteilung der Beleuchtung kennzeichnend ist.

Gleiches gilt für das Maximum der Beleuchtung, welches senkrecht unterhalb eines Reflektors auftreten kann (z. B. infolge der auf Seite 69 erwähnten Scheinwerferwirkung) und das sich nur auf eine kleine Stelle erstreckt.

Will man neben der mittleren Beleuchtung auch ein Bild von der Gleichmäßigkeit der Beleuchtung erhalten, so läßt sich bei der direkten Beleuchtung der Verlauf der Beleuchtung durch punktweise Berechnung bestimmen. Allerdings berücksichtigt diese Methode den Einfluß örtlicher Hindernisse

(schattenwerfender Gegenstände) ebensowenig wie die zusätz-
liche Beleuchtung durch das von den Wänden und der Decke
zerstreute Licht, das die Beleuchtung stets gleichmäßiger macht.
　　Bei halbindirekter und indirekter Beleuchtung liegt es
aber schon im Wesen ihrer Lichtverteilung begründet, daß
die Gefahr einer sehr ungleichmäßigen Beleuchtung gering ist.
　　Bewegen sich die Abweichungen von der mittleren Beleuchtungsstärke in nicht allzu weiten Grenzen, so sind sie
ohne Belang. Man braucht in dieser Hinsicht nicht zu ängst-
lich zu sein. Wenn z. B. 60 Lux als Beleuchtungsstärke
empfohlen werden, so wird die betr. Arbeit auch noch bei
50 Lux oder bei 40 Lux ausgeführt werden können, wenn
es sich nur um vereinzelte Fälle handelt, und anderseits wird
es sich nicht störend bemerkbar machen, wenn einige Arbeitsplätze 70 oder 80 Lux erhalten. Die Zulässigkeit vereinzelter
niedriger Beleuchtungsstärken, wie die angeführten 40 Lux,
darf aber nicht dazu verleiten, diesen Wert nun als mittlere
Beleuchtungsstärke zugrunde zu legen! Zahlenmäßige Angaben
für die mittlere Beleuchtungsstärke lassen eben, innerhalb
der betreffenden Anlage, jene Abweichungen nach unten
und nach oben zu, wie sie bei der Allgemeinbeleuchtung unter
normalen Verhältnissen erwartet werden können. Dagegen
dürfen diese Zahlen nicht als Forderung für die örtliche Arbeitsplatzbeleuchtung aufgestellt werden, insbesondere nicht
für die dabei auftretenden Höchstwerte unterhalb der mit
Reflektoren versehenen Lichtquellen. Diese müssen vielmehr bedeutend höher sein als die für die Allgemeinbeleuchtung
gültigen.
　　Die zu empfehlende mittlere Beleuchtungsstärke richtet
sich nach der Art der auszuführenden Arbeiten sowie nach
dem Reflexionsvermögen des verarbeiteten Materials und
nach der Feinheit der zu unterscheidenden Einzelheiten.
Daraus ergibt sich schon die Unmöglichkeit, in einer Tabelle
geeignete Beleuchtungsstärken für alle vorkommenden Arbeiten zu berücksichtigen. Man würde am besten die Beleuchtungsstärke jeweils auf Grund der Erfahrung festlegen, doch
fehlen in den meisten Fällen die Grundlagen hierzu. Nur selten
wird die mittlere Beleuchtungsstärke in ausgeführten Anlagen

gemessen und noch seltener wird einwandfrei festgestellt, ob diese Beleuchtung allen Anforderungen genügte. Von dem geringen vorliegenden Material, das diesen beiden Bedingungen genügt, ist zunächst die Tabelle 12 nach Clewell[40]) von Interesse, welche die Ergebnisse aus einer Reihe amerikanischer Eisen- und Stahlwerke enthält.

Tabelle 12.

Werkstätte	Gemessene mittlere Beleuchtung in Lux	Urteil über die Beleuchtung
Preßwerk A	3,8	Genügend.
» B	1,3	sehr schlecht.
» C	1,2	sehr schlecht.
Dreherei A	9,0	genügend.
» B	8,0	genügend.
» C	4,7	etwas schwach.
» D	4,5	kaum ausreichend für ununterbrochene Arbeit.
» E	3,9	ungenügend.
» F	3,0	etwas schwach.
Gießerei A	3,5	ungenügend.
» B	2,8	ungenügend.
Kraftwerk A	11,0	für zeitweise Arbeit genügend.
» B	7,2	gut.
» C	1,8	sehr schlecht.
Ladeschuppen A . .	5,2	genügend.
» B . .	1,8	vollständig ungenügend.
Schreinerei	12,0	für gewöhnliche Arbeiten genügend.
Modellschreinerei . .	18,0	gut.
Montagehalle	3,9	für dauernde Arbeit kaum genügend.

Wie nach den zum Teil außerordentlich niedrigen Werten der Beleuchtung erwartet werden kann, wurden diese Anlagen in der Mehrzahl als ungenügend beleuchtet betrachtet.

Aus den zahlreichen Messungen, die von dem Ausschuß für Fabrikbeleuchtung in England durchgeführt (S. 167) wurden, ist Tabelle 13 zusammengestellt. Aus ihr geht die Verteilung der beobachteten e i n z e l n e n Beleuchtungswerte (n i c h t der mittleren Beleuchtungsstärke) auf die Stufen zwischen 0—12—24—36—48 Lux und darüber hervor.

Tabelle 13.

Von sämtlichen Beobachtungen entfielen auf:

Art. des Betriebes	Beleuchtungsstärken in % von:					Mittl. Wert Lux	T.Q. %	$\frac{Lux}{T.Q.}$
	0—12 Lux	12—24 Lux	24—36 Lux	36—48 Lux	üb. 48 Lux			
Webereien (auf den Webstühlen gemessen)	18	34	20	9	19	24,0	2,7	8,9
Spinnereien (auf den Maschinen gemessen)	64	23	7	3	3	7,8	0,6	13,0
Werkzeugmaschinen .	36	20	11	6	27	19,2	1,5	12,8
Werkbänke	21	33	17	10	19	22,2	1,8	12,3
Schmiede u. dgl. . .	48	44	8	—	—	12,0	1,0	12,0
Gießereien	85	11	4	—	—	4,8	1,4	3,4
Nähen farbiger Stoffe	6,5	15,5	18	16	44	43,2	1,6	27,9
» weißer Stoffe	3	28	29	15	25	30,0	3,3	9,1

Die Mittelwerte, die einen gewissen Anhalt über die in den verschiedenen Industrien übliche Beleuchtung liefern, sind hierbei n i c h t die Mittel sämtlicher Beobachtungen, sondern stellen die Beleuchtungsstärke dar, oberhalb und unterhalb welcher die gleiche Anzahl (50%) der Meßergebnisse lag.

Die vorletzte Spalte (T. Q.) enthält die in den gleichen Betrieben gemessenen Tageslichtquotienten. Das Verhältnis zwischen dem Mittelwert der künstlichen Beleuchtung und dem mittleren Tageslichtquotienten (Lux/T. Q.) ist nahezu konstant, mit 2 Ausnahmen (Gießerei, Nähen farbiger Stoffe) liegt es zwischen 9 und 13, und weist auf eine gewisse Beziehung zwischen der natürlichen und der künstlichen Beleuchtung eines Fabrikraumes. Ist der Tageslichtquotient gering (dunkle Räume) so wird auch auf die Stärke der künstlichen Beleuchtung wenig Wert gelegt, während die am Tag hellen Räume auch nachts durchweg gut beleuchtet sind. Der nicht zu unterschätzende Einfluß der U m g e b u n g (helle Decken und

Wände), macht sich sowohl bei der Tagesbeleuchtung als bei der künstlichen Beleuchtung bemerkbar. Daß beim Nähen farbiger Stoffe das Bedürfnis nach starker künstlicher Beleuchtung sich zeigt, liegt wohl daran, daß gerade für diese Arbeit wegen der Farben das Kunstlicht nur ein mangelhafter Ersatz für das Tageslicht ist. Die schwache künstliche Beleuchtung in Gießereien genügt oft nicht für den Verkehr und für die Sicherheit der Arbeiter. Man verläßt sich dort zuviel auf das Leuchten des geschmolzenen Metalles beim Gießen.

Folgende Einteilung der Arbeiten nach ihrem Charakter gibt eine Grundlage für die Wahl der mittleren Beleuchtungsstärke bei Allgemeinbeleuchtung.

1. Arbeiten, welche die höchsten Anforderungen an die Sehschärfe des Auges stellen (Gold- und Silberarbeiten, Uhrmachen, Diamantschleifen, Gravieren, Holzschneiden, feine Näh- und Stickarbeiten, feine Zeichenarbeiten u. dgl.), 100 bis 150 Lux.

2. Feinarbeiten, die hohe Anforderungen an die Sehschärfe des Auges stellen (Weben feiner oder dunkler Stoffe, Nadelfabrikation, Feinmechanik, Setzerei, Glühlampenherstellung, Zeichnen), 70 bis 100 Lux.

3. Arbeiten, bei denen alle Einzelheiten erkannt werden müssen (Werkzeugmaschinen, Schlosserei, Montage, Ankerwickeln, Drahtziehen, Stanzen, Bureau- und Schreibarbeiten, Schalttafeln, Maschinenhäuser, Laboratorien, Druckereien, Modellschreinereien, Webereien), 50 bis 60 Lux.

4. Grobarbeiten (Schmiede, Schreinerei, Klempnerei, Walzwerke, Gießerei) 20 bis 40 Lux.

5. Räume, in denen die Beleuchtung nur gelegentlich gebraucht wird (Lagerräume, Speicher), 10 Lux.

§ 31. Die Aufhängehöhe der Lichtquellen.

Nur zu oft wird die Wahl der Aufhängehöhe der Lichtquellen durch die Vorstellung beeinflußt, daß die Beleuchtung entsprechend dem quadratischen Entfernungsgesetz (S. 34) mit wachsender Aufhängehöhe der Lichtquelle sehr rasch abnimmt, und daß die Lichtquellen für Raumbeleuchtung daher möglichst niedrig aufzuhängen sind.

   Dieses Gesetz gilt jedoch nur für eine einzelne Lichtquelle (von geringen Abmessungen) und auch dann nur für
die direkte Beleuchtung einer kleinen Fläche. Es trifft
also nicht zu für die mittlere Beleuchtung eines Raumes,
auch wenn dieser nur von einer Lichtquelle aus beleuchtet
wird, und darf auch nicht auf die Beleuchtung durch mehrere
Lichtquellen übertragen werden.

   Nehmen wir an, es sei möglich, durch einen Reflektor
einen scharfbegrenzten Lichtkegel zu erzeugen, so wird dieser
eine Kreisfläche beleuchten. Der Lichtstrom innerhalb des
Kegels bleibt derselbe, unabhängig
von der Aufhängehöhe. Wird diese
auf den doppelten Wert gebracht
(Abb. 56), so wird die mittlere Beleuchtung der Kreisfläche zwar auf
$\frac{1}{4}$ ihres Wertes fallen $\left(\frac{E}{4}\right)$, aber
dafür wird auch die beleuchtete
Fläche die vierfache Größe (4 F)
erhalten. Bei mehreren Lichtquellen
werden die beleuchteten Felder
übereinander greifen und die resul-
tierende mittlere Beleuchtungs-

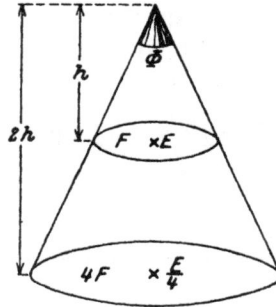

Abb. 56.

stärke wird sich mit der Aufhängehöhe nicht ändern, solange die
Lichtkegel nur den Fußboden treffen. Erst von dem Augen-
blicke an, wo der Lichtstrom der Lampen auch auf die Wände
fällt, wird die mittlere Beleuchtung geringer werden, wenn man
die Lampen höher aufhängt, jedoch niemals in einem dem
quadratischen Entfernungsgesetz entsprechenden Maße. Die
Änderung wird um so geringer sein, je größer der Raum im
Verhältnis zur Aufhängehöhe ist, je mehr er sich der quadratischen Form nähert und je mehr die Reflektoren den Lichtstrom nach unten konzentrieren.

   Darf man somit schon bei der direkten Innenraum-
beleuchtung das quadratische Entfernungsgesetz nicht in
üblicher Weise verwenden, so ist es für die indirekte Beleuchtung und für den indirekten Anteil der halbindirekten
Beleuchtung überhaupt nicht gültig. Bei den durch Reflexion

des Lichtes leuchtenden Wänden und Decken ist von punktförmigen Lichtquellen keine Rede mehr. Will man in solchen
Fällen den Einfluß der Aufhängehöhe auf die Beleuchtung
kennen lernen, so müßte man eher auf folgende weniger bekannte Gesetze zurückgreifen, die das quadratische Entfernungsgesetz ergänzen:

    a) Die Beleuchtung durch eine unendlich große leuchtende
       Fläche ist unabhängig von der Entfernung.

    b) Die Beleuchtung durch eine unendlich lange leuchtende
       Linie ist der Entfernung umgekehrt proportional.

    Ohne für alle vorkommenden Fälle der Befestigung
der Lichtquellen unmittelbar unter der Decke das Wort reden
zu wollen, darf nach obigem eine reichliche Aufhängehöhe
wohl befürwortet werden. Eine starke Abnahme der Beleuch-

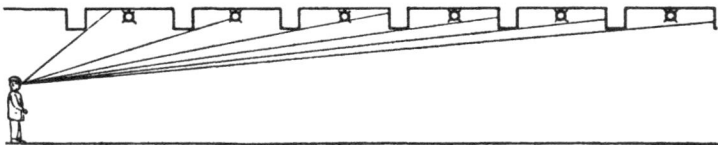

Abb. 57.

tung ist nicht zu befürchten. Dagegen hat eine große Aufhängehöhe den Vorzug, die Beleuchtung gleichmäßiger
zu gestalten und außerdem die Lichtquellen aus dem Bereich
des Auges zu entfernen. Sogar wenn diese mit lichtstreuenden
Glocken versehen sind, ist es angenehm, wenn das Auge eine
Werkstätte durchblicken kann, ohne in sämtliche Lichtquellen
hineinsehen zu müssen. Bei Räumen mit geringer Raumhöhe und tiefen Unterzügen kann man diese zum Verdecken
der entfernteren Lichtquellen verwenden, indem man die Lichtquellen zwischen den Unterzügen unmittelbar an der Decke
anordnet (Abb. 57). Man erhält so eine Anordnung, die einen
vorzüglichen Überblick in der Längsrichtung ohne Blendung
gestattet und die sich daher nicht nur für weiße Fabrikräume, sondern auch für Bureauräume, Vortragssäle usw.
eignet.

    Die Aufhängehöhe der Lichtquellen kann auch durch die
gewünschte Schattenbildung bedingt sein. Lichtquellen in

großer Höhe geben kleinere und (auch bei Verwendung lichtstreuender Glocken) schärferbegrenzte Schatten (vgl. Abb. 53
u. 54).

Schließlich können auch äußere Ursachen für die Aufhängehöhe maßgebend sein. So wird man z. B. bei Fabrikhallen
mit Laufkran die Lichtquellen so hoch hängen, daß Laufkran
und Laufkatze sich frei darunter bewegen können (Abb. 58).
Eine noch höhere Aufhängung, etwa in der Laterne, hat den
Nachteil, daß ein ansehnlicher Teil des Lichtstroms durch die

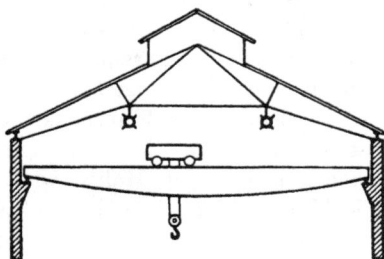

Abb. 58.

verglasten Flächen ins Freie geht. Die seitliche Anordnung
(bei mehrschiffigen Hallen unter der Kranbahn, bei einschiffi-
gen an Auslegern) hat sich weniger bewährt. Die an Auslegern
hängenden Beleuchtungskörper werden leicht durch die
fahrende Last des Kranes beschädigt. Außerdem fällt die Beleuchtung in der Mitte der Halle gewöhnlich zu gering aus.
Sogar Beleuchtungskörper mit einseitiger, nach der Mitte der
Halle gerichteter Lichtausstrahlung sind bei der geringen
Aufhängehöhe unterhalb der Kranbahn nicht in der Lage, die
Mitte genügend zu beleuchten. Der sehr schräge Lichteinfall
bedingt überdies lange Schatten.

§ 32. Die Anordnung der Lichtquellen.

Unter der Anordnung der Lichtquellen versteht man
ihre Verteilung auf den Grundriß des zu beleuchtenden Raumes.
Zunächst sollte für diese Verteilung die gegenseitige Entfernung
der Lichtquellen maßgebend sein, die, um eine gewisse Gleichmäßigkeit der Beleuchtung zu erzielen, wieder von der Auf-

hängehöhe abhängt. Aber praktische Rücksichten gehen
hier oft vor theoretische Überlegungen. Die Einteilung der
Decke durch Träger und Unterzüge kann einen ebenso großen
Einfluß auf die Verteilung der Lichtquellen ausüben wie
die Anordnung der Transmissionen oder eine im Rahmen der
Allgemeinbeleuchtung gewünschte örtliche Bevorzugung einzelner Stellen in bezug auf die Stärke der Beleuchtung.

Die Rücksichten auf die Einteilung der Decke sind entweder durch die Befestigungsmöglichkeiten der Beleuchtungskörper bedingt oder durch lichttechnische Forderungen. Bei
eisernen Trägern empfiehlt sich zwecks rascher Montage die
Befestigung durch Schellen, während in Eisenbetonbauten
oft Eiseneinlagen in den Unterzügen vorgesehen sind, die,
zunächst für die Befestigung der Transmissionen und Rohrlei-
tungen bestimmt, sich auch für die Aufhängung der Beleuchtungskörper eignen. In größeren Hallen wird man gerne die
Lampen an die Träger der Dachkonstruktion aufhängen
(Abb. 58) und sie nicht an die Verschalung des Daches be-
festigen, um längere Rohrpendel, Drahtseile oder Stangen zu
vermeiden. Da das Anbohren der Träger nicht immer gestattet
ist, muß man auch hier zu Schellen und Klammern greifen.

Während es bei der direkten Beleuchtung im übrigen
gleichgültig ist, wie sich die Lichtquellen auf die Decke ver-

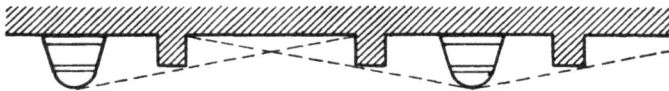

Abb. 59.

teilen und man nur unter Umständen auf die Einteilung der
Arbeitsplätze und Maschinen Rücksicht nehmen wird, muß
man bei der halbindirekten und der indirekten Beleuchtung
beachten, daß tiefe Unterzüge durch ihre Schatten die benachbarten Deckenfelder verdunkeln, wodurch die Gleichmäßigkeit dieser auf die Reflexion der Decke angewiesenen Beleuchtungsarten beeinträchtigt wird (Abb. 59). Wenn es in solchen
Fällen nicht tunlich ist, in jedem Deckenfeld eine Lichtquelle zu verwenden, muß man davon absehen, den Beleuch-

tungskörper in der Mitte des Deckenfeldes anzubringen, sondern wird für die Aufhängung den Unterzug zwischen zwei Feldern verwenden (Abb. 60). Hierdurch wird die Decke gleichmäßig beleuchtet. Bei niedrigen Unterzügen und bei tief-

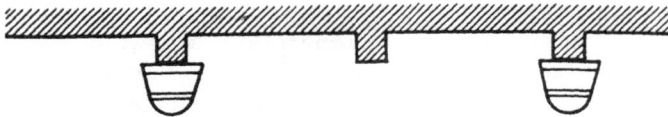

Abb. 60.

hängenden Lichtquellen ist die Verdunkelung der Decken weniger störend. Wo die Möglichkeit einer späteren Abtrennung einzelner Räume, Privatbureaus u. dgl. besteht, deren Größe sich nach den Deckenfeldern richtet, muß man von vornherein die Unterzüge als Träger der Beleuchtungskörper ausschalten und letztere in der Mitte der Felder anordnen. Im übrigen ist, von den Betonkonstruktionen mit vollständig glatten Decken abgesehen, eine gewisse Normalisierung der Deckeneinteilung zu beobachten mit Feldern von 5×7 bis $6 \times 9 \, m^2$, die sich fast stets für die halbindirekte oder indirekte Beleuchtung durch e i n e Lichtquelle eignen.

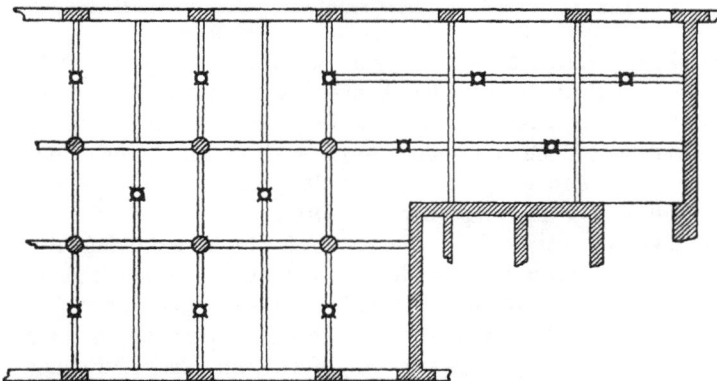

Abb. 61. Grundriß mit Deckeneinteilung eines modernen mehrstöckigen Fabrikbaues. (Maßstab 1:300.)

Abb. 61 stellt den Grundriß eines modernen Fabrikbaues größerer Länge dar, bei dem sich die Einteilung der Felder

und die Anordnung der Beleuchtungskörper regelmäßig
wiederholt. Der mittlere Gang bleibt für den Verkehr frei,
während zu beiden Seiten kleinere Werkzeugmaschinen und
Automaten aufgestellt sind. Der Einbau des Aufzuges und
der Treppen am Ende des Baues bedingt dort eine abweichende
Anordnung der Lichtquellen.

In Abb. 62 ist die Anordnung der Beleuchtungskörper
in einem Shedbau dargestellt. Die Bauart des Daches schließt
die indirekte Beleuchtung aus, da ein ansehnlicher Teil des
von den Lichtquellen nach oben ausgesandten Lichtstroms
durch die Fenster verloren ginge. Die halbindirekte Beleuchtung erfordert aus demselben Grund Reflektoren, welche die

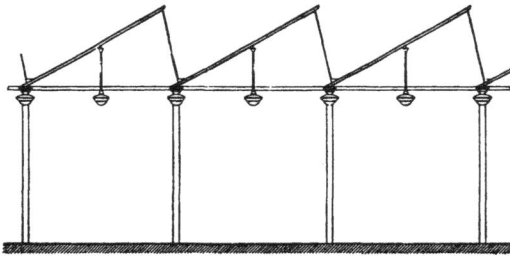

Abb. 62. Querschnitt eines Shedbaues. (Maßstab 1 : 250.)

Decke ersetzen. Sind diese sehr groß, so hindern sie ihrer-
seits den Eintritt des Tageslichts. Man hat daher versucht,
die Reflektoren zu teilen und am Tage beide Hälften nach oben
zu klappen, doch hat sich dieses Verfahren anscheinend nicht
bewährt. Man wird also bei Shedbauten entweder die halbindirekte Beleuchtung oder die direkte Beleuchtung mittels
Reflektoren verwenden. Um eine gleichmäßige Beleuchtung
zu erzielen, müssen diese dichter zusammen aufgehängt werden als die Lichtquellen für halbindirekte Beleuchtung. Tiefe
Reflektoren, etwa mit der in Abb. 63 dargestellten Lichtverteilungskurve, erfordern ein Verhältnis der Lampenentfernung zur Aufhängehöhe über dem Arbeitsplatz (1 m über
Fußboden) von 1:1,5; bei flachen Reflektoren, die aber das
Auge nicht gegen Blendung schützen, kann dieses Verhältnis
1:2 betragen. Zur Erzielung einer gleichmäßigen Beleuchtung

sind in dem Grundriß des Shedbaues (Abb. 115) die Lichtquellen versetzt angeordnet.

Bei der Beleuchtung größerer Hallen kommt man mit
e i n e r Reihe Lampen aus, solange die Breite 8 bis 10 m nicht
übersteigt (Abb. 64). Vorausgesetzt ist hierbei, daß die Lichtpunkthöhe ungefähr der Breite entspricht. Bei breiteren
Hallen (Gießereien, Walzwerke, Montagewerkstätten) werden

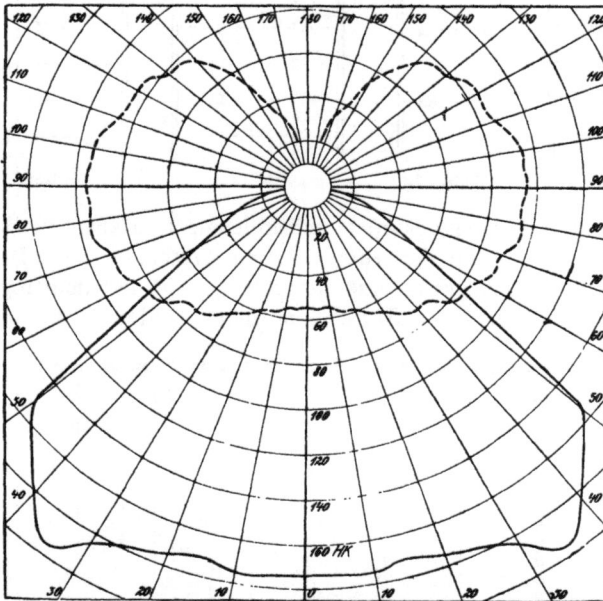

Abb. 63. Lichtverteilung eines tiefen Reflektors mit einer Gasfüllungslampe
von 1000 Lumen.

in den meisten Fällen z w e i Reihen von Lichtquellen genügen.
Als Übergang zwischen diesen beiden Fällen ist jene Anordnung
aufzufassen, bei der zwar die Zahl der Lichtquellen derjenigen
bei der einreihigen Aufhängung entspricht, aber eine versetzte
Anordnung in zwei Reihen gewählt ist. (Abb. 65.) Die zwei-
reihige Anordnung nach Abb. 66 wird nicht gerne angewandt,
wenn die Entfernung der einzelnen Dachträger gering ist. Mit
weniger Beleuchtungskörpern kommt man bei der Anordnung

nach Fig. 67 aus, ohne daß die Gleichmäßigkeit der Beleuchtung gegenüber der bei Abb. 66 zurücksteht.

In den meisten Fällen werden derartige Fabrikhallen
Laufkräne aufweisen, die unter den Lichtquellen fahren.
Hängen zwei Lampen an einem Träger, so werden diese

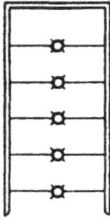 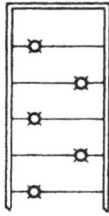 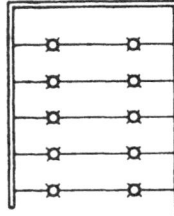 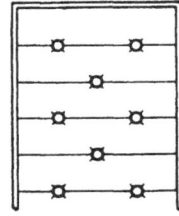

Abb. 64.   Abb. 65.   Abb. 66.   Abb. 67.

durch den gerade darunter befindlichen Laufkran verdeckt,
und die Stelle, an der zum sicheren Anhängen oder Herab-
lassen der Last grade eine besonders gute Beleuchtung benötigt wird, liegt im Schatten dieser beiden Lichtquellen.

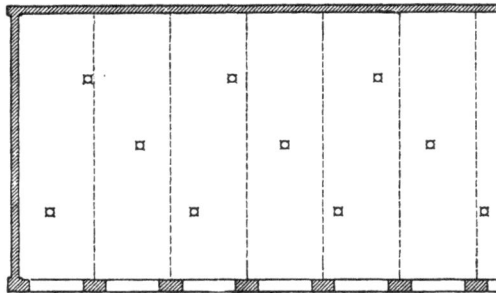

Abb. 68.

In weitgehendem Maße ist dieser Übelstand bei der Anordnung nach Abb. 68 behoben. Durch die dreifach versetzte
Aufhängung, die in der Längsrichtung des Raumes zwischen
je zwei Lampen die Breite des Laufkrans freiläßt, scheidet
nie mehr als eine Lichtquelle für die Beleuchtung unterhalb
des Krans aus.

Kapitel IX.

Die Beleuchtung des Arbeitsplatzes.

§ 33. Der Reflektor für Arbeitsplatzbeleuchtung.

Die Verwendung der Arbeitsplatzbeleuchtung ist angezeigt, wenn sich eine Allgemeinbeleuchtung in der erforderlichen Stärke nicht ohne übermäßige Betriebskosten durchführen läßt. Das ist der Fall, wenn in einem größeren Fabrikraum mit dunkler Decke und dunklen Wänden nur an wenigen Stellen gearbeitet wird, oder wenn die Art der Arbeit (Feinarbeit) eine sehr starke Beleuchtung erfordert.

Bei der Arbeitsplatzbeleuchtung befindet sich die Lichtquelle in unmittelbarer Nähe des Arbeiters bzw. vor seinen Augen. Die Abblendung der Lichtquelle und im Zusammenhang hiermit die Beschaffenheit des Reflektors spielen deshalb eine wichtige Rolle. Die Güte der Arbeitsplatzbeleuchtung hängt in erster Linie von dem Reflektor ab.

Wir sahen (S. 68), daß es bei dem für die Beleuchtung des Arbeitsplatzes fast ausschließlich benutzten diffusen Reflektor weniger auf die geometrische Form des Reflektors ankommt, als auf den Raumwinkel, in dem der Reflektor die Lichtquelle umschließt. Je tiefer der Reflektor gebaut ist, und je tiefer sich die Lichtquelle im Innern des Reflektors befindet, um so größer wird der Anteil des reflektierten Lichtes sein, während zugleich das Auge am besten gegen Blendung geschützt ist. Obgleich es hierdurch möglich ist, die Lichtstärke des diffusen Reflektors senkrecht nach unten auf ein

Mehrfaches der Lichtstärke der nackten Glühlampe zu erhöhen, darf man doch nicht vergessen, daß das reflektierte Licht niemals in Form eines scharf begrenzten Kegels austritt, und daß man daher keine kleine, scharfbegrenzte Stelle sehr stark beleuchten kann, während die Umgebung dunkel bleibt. Hierzu wäre vielmehr ein spiegelnder Reflektor erforderlich, durch den die Lichtstrahlen nach Art eines Scheinwerfers so reflektiert werden, daß sie den Reflektor in einem spitzen Kegel verlassen, der den Arbeitsplatz in einer kleinen runden Fläche

Abb. 69. Streifige Beleuchtung durch einen spiegelnden Reflektor.

trifft. Verwendet man z. B. eine Metallfadenlampe mit kleinem Leuchtkörper und 16 HK_o (200 Lumen) in einem spiegelnden Reflektor, der die Hälfte dieses Lichtstroms auffängt und mit 30% Verlust reflektiert, so ist der Lichtkegel ein Lichtstrom von 70 Lumen. Diese würden z. B. eine Kreisfläche von 0,3 m Durchmesser mit 1000 Lux beleuchten! Gegen dieses an sich sehr rationell erscheinende Beleuchtungsverfahren bestehen jedoch erhebliche Bedenken. Zunächst behält ein spiegelnder Reflektor im Werkstattbetrieb seine glänzende Oberfläche, die zur Erzielung dieser scheinwerferartigen Wirkung erforderlich ist, nicht lange. Ferner liefern spiegelnde Reflektoren eine sehr streifige Beleuchtung, da auf der Arbeitsfläche ein vergrößertes, verzerrtes und unscharfes Bild der Lichtquelle entsteht. Diese in Abb. 69 dargestellte streifige Beleuchtung ist gerade für Feinarbeiten, die eine starke Beleuchtung erfordern, ungeeignet.

Die streifige Beleuchtung kann, allerdings in weit geringerem Maße, auch bei den Reflektoren auftreten, die man gewöhnlich als diffus zu bezeichnen pflegt, die aber gemischt reflektieren. (S. 69.) Die Streifen stören dann nur bei der Beleuchtung einer gleichmäßig weißen Fläche (z. B. des Papieres auf dem Reißbrett).

Lichtverteilungskurven der für die Arbeitsplatzbeleuchsung geeigneten Reflektoren sind in den Abb. 29 u. 63 dargestellt. Bei der erstgenannten Kurve handelt es sich um den vielbenutzten Kegelreflektor, bei Abb. 63 um einen Reflektor, der in seiner Form mehr dem Reflektor der Abb. 24 entspricht.

Eine sehr günstige Licht-
verteilung für Arbeitsplatzbeleuchtung besitzt auch der
Horizontalreflektor (Abb. 70),
bei dem die Glühlampe lie-

Abb. 70. Horizontalreflektor.

gend angeordnet ist, wodurch der Reflektor kleiner und leichter verstellbar wird, als der tiefe, kegelförmige Reflektor. Bei den neuerdings allgemein gebräuchlichen Glühlampen mit gezogenem Metalldraht wird die Brenndauer durch die horizontale Lage der
Glühlampen nicht beeinträchtigt.

Die genannten Reflektoren liefern
schon mit Glühlampen von 10 u. 16 HK
eine reichliche Platzbeleuchtung, deren
Stärke allerdings auch von der Entfernung des Reflektors abhängt.

Dagegen liefert der flache, kegelförmige Schirm, wie er in Abb. 71

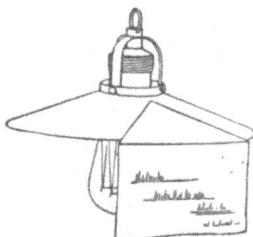

Abb. 71.

und 75 (rechts) dargestellt ist, mit diesen Glühlampen noch keine ausreichende Beleuchtung und zwingt deshalb zur Verwendung unnötig großer Lampen von 32 und 50 HK.

§ 34. Der Schutz gegen die Blendung des Auges.

Werden also diese Glühlampen oder sogar solche von
100 HK für die Beleuchtung der Arbeitsplätze in Fabriken
gebraucht, so beweist das noch nicht ein Streben nach guter
und reichlicher Beleuchtung, sondern die Verwendung ungeeigneter Reflektoren.

Bei ihnen wird auch das Auge nicht gegen Blendung
geschützt. Das geblendete Auge stellt höhere Anforderungen
an die Stärke der Beleuchtung; erhöht man die Beleuchtungsstärke durch Verwendung noch größerer Glühlampen, so
nimmt auch die Blendung zu. Infolge dieser Wechselwirkung
kann niemals eine befriedigende Arbeitsplatzbeleuchtung
bei sichtbarer Glühlampe erzielt werden. In den meisten
Fällen empfindet der Arbeiter, daß ihm die vor seinen Augen
hängende nackte Glühlampe durch ihren direkten Schein
eher das Sehen erschwert als erleichtert und bringt zur Abhilfe
einen improvisierten Schirm (Abb. 71) an, der je nach seiner
Tätigkeit aus einem Stück Blech, Papier, Stoff usw. besteht.
In Werkstätten, wo mehrere Arbeiter bei einer Lampe arbeiten
müssen, findet man sogar die entsprechende Anzahl von Ab-
blendschirmen an dem Reflektor befestigt. Genügt der Augen-
schutz am Rand des Reflektors nicht, so wird auch wohl
die Glühlampe selbst durch eine rohrförmige, nach unten
offene Hülle aus Papier umgeben, wodurch der Reflektor
ausgeschaltet wird und nur der sehr geringe, nach unten
gerichtete Lichtstrom der Glühlampe zur Geltung kommen
kann. Diese improvisierten Augenschutzvorrichtungen, die
man sehr häufig antrifft, weisen stets auf eine von Grund
aus verfehlte Anlage der Arbeitsplatzbeleuchtung, bei der
mehr auf die Billigkeit als auf die Zweckmäßigkeit der
Reflektoren geachtet wurde.

Obgleich der tiefe, kegelförmige Reflektor und andere
Reflektoren mit tiefliegender Glühlampe in ihrer normalen
Lage gegen Blendung des Auges genügenden Schutz gewähren,
ist eine Verstellbarkeit des Reflektors in vielen Fällen er-
wünscht, um die Richtung des auf den Arbeitsplatz fallenden
Lichtstroms genauer einstellen zu können. Allerdings wird

dieser Zweck verstellbarer Reflektoren von Arbeitern häufig
verkannt und mißbraucht, um den Reflektor dem Auge zu-
zuwenden, so daß das Licht unmittelbar auf das Auge
trifft!

Befinden sich auf beiden Seiten einer Werkbank Arbeitsplätze, so ist darauf zu achten, daß die in an sich richtiger
Weise vom Arbeiter abgekehrten Reflektoren nicht zur Ursache der Blendung der auf der anderen Seite stehenden Arbeiter werden.

§ 35. Die Befestigung des Arbeitsplatzreflektors.

Selten werden sich Lage und Richtung des Reflektors
von vornherein endgültig feststellen lassen. Sowohl bei der

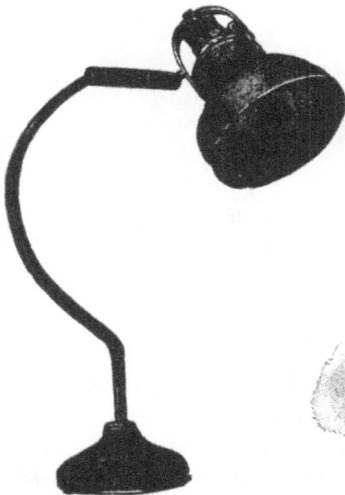
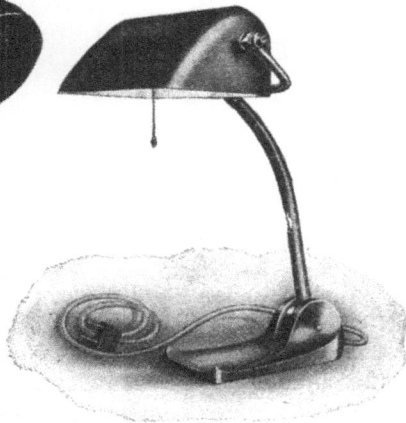

Abb. 72.   Abb. 73.

Stehlampe, dem Wandarm und dem Schnur- oder Rohrpendel
besteht deshalb, von den einfachsten Ausführungen abgesehen,
die Möglichkeit, die Höhe und die Richtung des Reflektors
zu ändern.

Abb. 72 u. 73 stellen Stehlampen dar, die sowohl für die
Werkbank als für den Schreibtisch gebraucht werden können.

Halbertsma, Fabrikbeleuchtung.   **8**

Bei der ersten Ausführung ist der Reflektor mit dem Stativ durch eine Universalklemme verbunden, so daß der Reflektor nach allen Richtungen gedreht werden kann.

Die in Abb. 73 dargestellte Lampe mit Horizontalreflektor kann durch ein drehbares Stativ in verschiedene Höhen eingestellt werden. Außerdem ist der Reflektor selbst um die horizontale Achse drehbar.

Sollen Stehlampen auf der Werkbank gegen Umfallen gesichert sein, so kommt eine Befestigung durch Schraub-

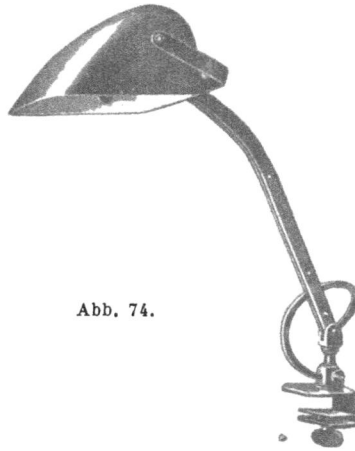

Abb. 74.

klemme (Abb. 74) in Frage. Die Lampe erhält neben der Drehbarkeit des Reflektorträgers eine weitere Beweglichkeit dadurch, daß die Schraubklemme leicht gelöst werden kann.

Das Schnurpendel besitzt neben der großen Beweglichkeit den Vorzug geringen Preises. Die Länge der Leitungsschnur kann durch einen Rollenzug leicht geändert werden. Wo dieser fehlt, läßt sich die Schnur auch durch andere Hilfsmittel verkürzen. Als einfachstes, aber auch ungeeignetstes Mittel findet man noch das Verknoten der Schnur, das für die Isolation der Leitungen sehr schädlich ist.

Wenn ein axial-symmetrischer Reflektor, wie ein Kegelreflektor, der an einer Leitungsschnur aufgehängt ist, sich infolge des Dralls der Leitung dreht, spielt dieser Umstand keine Rolle. Beim Horizontalreflektor (Abb. 75, links) sind zwei getrennt geführte Schnüre erforderlich, um den Reflektor gegen Drehen um eine senkrechte Achse zu sichern. Während ein Reflektor mit horizontaler Achse in seinem Aufhängebügel gedreht werden kann, muß man beim Kegelreflektor diese Richtungsänderung durch seitliche Aufhängung an der Leitung bewirken (Abb. 76).

Abb. 75.

Viel dauerhafter, aber auch teurer, als Schnurpendel sind Rohrpendel. Die erstgenannten werden daher hauptsächlich in Bureauräumen benutzt, während letztere ihr eigentliches Anwendungsgebiet in den Werkstätten haben. Bei den Rohrpendeln kann man folgende Ausführungen unterscheiden:

    1. Reflektor und Pendel sind fest miteinander verbunden,

8*

  2. der Reflektor kann am unteren Ende des Pendels gedreht werden,

  3. die Länge des Pendels ist veränderlich (gewöhnlich durch teleskopartige Bewegung zweier Röhren ineinander),

  4. das Pendel ist an seinem oberen Ende drehbar.

Zur vollständigen Verstellbarkeit müssen die unter 2 bis 4 angeführten Eigenschaften vereinigt werden.

Abb. 76.   Abb. 77.

Abb. 77 zeigt eine Werkstattbeleuchtung durch derartige Pendel von Hannemann & Co. Die drehbare Befestigung eines längeren aus Gasrohr bestehenden Pendels in einem an der Decke befestigten Gelenk (Kugelgelenk od. ähnl.) stellt sehr hohe Anforderungen an die mechanische Ausführung. Befinden sich die Arbeitsplätze in der Nähe einer Wand, so kann man an Stelle des Rohrpendels einen Wandarm zum Tragen des Reflektors verwenden. An dem Wandarm kann der Re-

flektor ebenfalls starr oder drehbar befestigt sein. Gleiches
gilt für die Befestigung der Wandarme selbst. Abb. 78 zeigt
einen einfachen Wandarm mit drehbarem Reflektor.

Die Handlampe kann mittels eines Hakens überall und
in jeder Stellung befestigt werden. Sie ist daher besonders geeignet, schwer zugängliche Stellen, wie das
Innere von Maschinen, Kesseln u. dgl. zu
beleuchten. Doch sollte man auch bei der
provisorischen Anbringung einer Handlampe diese stets so anordnen, daß das
Auge nicht geblendet werden kann. Bei
Handlampen der in Abb. 43 dargestellten

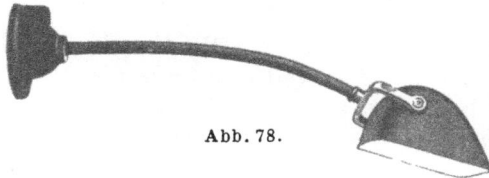

Abb. 78.

Abb. 79.　　　　　Abb. 80.

Art ist dieses schwer durchzuführen. Aus diesem Grunde und
wegen des mehr nach einer Seite gerichteten Lichtstroms ver-
dienen Handlampen mit Reflektor, von denen Abb. 79 und 80
zwei verschiedene Modelle veranschaulichen, den Vorzug.

Kapitel X.

Besondere Aufgaben der Fabrik-
beleuchtung.

§ 36. Werkzeugmaschinen.

Schon mit Rücksicht auf die in der Werkzeugmaschine
selbst und in den bearbeiteten Teilen festgelegten Werte
verdient die künstliche Beleuchtung der Werkzeugmaschinen
besondere Beachtung. Bei vielen Werkzeugmaschinen (z. B.
Stanzen und Pressen) ist es auch die größere Unfallgefahr,
die für reichliche und zweckmäßige Beleuchtung spricht.

Sie wird allerdings bei vielen Werkzeugmaschinen (Ex-
zenterpressen, Nietmaschinen, Radialbohrmaschinen, Fräs-
maschinen u. dgl.) dadurch erschwert, daß Teile der Maschine
selbst den Zutritt des Lichtes zum Werkstück hindern und
Schatten werfen, die ein deutliches Unterscheiden des Werkstücks unmöglich machen. Diese Schatten sind bei der direkten Beleuchtung besonders störend (Abb. 81) und bedürfen dringend der Aufhellung, wie sie z. B. durch indirekte
oder halbindirekte Beleuchtung erfolgt, bei denen auch die
Wände zur Reflexion des Lichtes herangezogen werden.
Abb. 82 zeigt die auf diesem Weg erzielte Verbesserung der
Beleuchtung derselben Nietmaschine

Mögen diese Beleuchtungsarten, da sie den ganzen Raum
umfassen, auch für eine vereinzelte Werkzeugmaschine etwas
teuer sein, so fällt dieses Bedenken dort weg, wo eine größere
Anzahl derartiger Werkzeugmaschinen zusammen aufgestellt.ist.

Wird die übliche schwarze Farbe des Oberteiles dieser Maschinen durch einen hellgrauen Anstrich ersetzt, so tragen
die dem Werkstück benachbarten Maschinenteile nicht nur

etwas zur Beleuchtung bei, sondern sie mildern vor allem die schroffen Kontraste zwischen Werkstück und Umgebung. Achtet man auf geregelte Reinigung der Maschinen, so bleibt dieser günstige Einfluß des hellgrauen Anstrichs auch im Laufe der Zeit erhalten.

Nur wo die Allgemeinbeleuchtung nicht durchgeführt werden kann, kommt eine Einzelbeleuchtung der Werkzeug-

Abb. 81.
Direkte Beleuchtung einer Nietmaschine (störender Schatten).

maschinen in Frage. In erhöhtem Maße gilt hier, wie bei der Arbeitsplatzbeleuchtung überhaupt, daß der geringere Stromverbrauch zum Teil ausgeglichen wird durch die höheren Anschaffungskosten der vielen Beleuchtungskörper und der Leitungsanlage, sowie durch den größeren Aufwand für die Instandhaltung (Glühlampenersatz). An die für Werkzeugmaschinen gebrauchten Beleuchtungskörper stellt man besondere Anforderungen, z. B. in bezug auf die Einstellung des Reflektors. Wegen des häufigen und rücksichtslosen

Gebrauchs dieser Verstellvorrichtungen muß die Ausführung
der Beleuchtungskörper in mechanischer Hinsicht vorzüglich
sein. Die Sonderanfertigung von Beleuchtungskörpern zur
Befestigung auf oder zum Gebrauch mit einer bestimmten
Werkzeugmaschine läßt sich nicht immer umgehen. Ist der
Beleuchtungskörper auf einem der hin- und hergehenden
Teile der Maschine (z. B. einer Hobelmaschine) befestigt,

Abb. 82.
Halbindirekte Beleuchtung einer Nietmaschine (keine störenden Schatten).

so werden sowohl der Beleuchtungskörper als auch die Glühlampe sehr stark beansprucht.

Die Beleuchtung der Werkzeugmaschinen durch nackte
Lampen (Abb. 83) ist stets zu verwerfen. Das Auge kann nicht
alle Einzelheiten im Gesichtsfelde scharf unterscheiden,
während sich eine Glühlampe, sei es eine Kohlenfadenlampe
oder eine Metallfadenlampe, in unmittelbarer Nähe des Auges
befindet. Es gibt keinen Fall, wo es nicht möglich wäre,

wenigstens den Leuchtkörper der Glühlampe durch einen kleinen Blechschirm zu verdecken (Abb. 84).

Die Befestigung der Lichtquelle in unmittelbarer Nähe des Werkstücks hat eine sehr starke Beleuchtung zur Folge, da der Lichtstrom sich nur auf eine kleine Fläche verteilt. Um die Kontrastblendung zu vermeiden, welche die Unterscheidung der im Dunkeln liegenden Bedienungsgriffe und Räder erschwert, ist bei dieser Art der Arbeitsplatzbeleuchtung gleichzeitig für eine genügende Allgemeinbeleuchtung zu sorgen.

Abb. 83.
Beleuchtung einer Drehbank mit sichtbarer Lichtquelle.

Bei verschiedenen Arbeiten, wie das Ausfeilen von Schnitten, das Einpassen von Lehren, sowie beim Gebrauch größerer Stanz- und Schnittwerkzeuge befinden sich das Auge und die Lichtquelle auf entgegengesetzten Seiten des Werkstücks. Die spiegelnde Reflexion des Lichtes wird hier benutzt, um die Beschaffenheit metallischer Oberflächen genau zu erkennen. Es empfiehlt sich hierbei, dichtmattierte Glühlampen zu verwenden, oder die Lichtquelle in eine kleine Glocke von lichtstreuendem Glas einzuschließen. An Stelle zerbrechlicher Gläser leisten auch offene Zylinder aus weißem, unbrennbarem Cellon in einer Stärke von 0,3 bis 0,4 mm gute Dienste.

Bei dem Beleuchten von Hohlräumen (Ausleuchten von Gußteilen, Schleifen von Motorzylindern u. dgl.) ist die Lichtquelle so anzubringen oder abzublenden, daß man sie selbst nicht sieht, sondern nur das an den Wänden reflektierte Licht.

Die Nähmaschine ist ebenfalls eine Werkzeugmaschine. Deshalb seien einige Worte ihrer Beleuchtung gewidmet, die auch in großen Werkstätten oft mangelhaft ist. Bei den

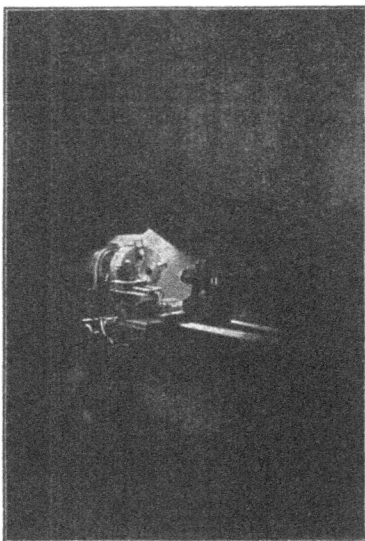

Abb. 84.
Beleuchtung einer Drehbank mit verdeckter Lichtquelle.

Arbeiterinnen, die den ganzen Tag an der Maschine sitzen, ist das Auge an sich schon ermüdet, wenn die Arbeit bei künstlicher Beleuchtung fortgesetzt werden muß. Beim Nähen von Weißzeug sind die Anforderungen an die Beleuchtung geringer als bei dunklen Stoffen, die eine Beleuchtung von 200 bis 300 Lux erfordern können, ohne daß diese besonders reichlich scheint.

Die Beleuchtung einer größeren Anzahl reihenweise aufgestellter Nähmaschinen kann nach Abb. 85 erfolgen, unter Verwendung von Reflektoren, wie sie in Abb. 24 dargestellt sind. Die Zahl der Reflektoren muß hierbei gleich der Hälfte der Nähmaschinen sein.

Kleine Reflektoren können auch, bei vorhandener Allgemeinbeleuchtung, unmittelbar an die Nähmaschine befestigt werden (Abb. 86). Glühlämpchen von 2 bis 5 HK liefern auf einer kleinen Stelle rund um die Nadel die erforderliche starke Beleuchtung. In Gleichstromanlagen müssen diese Lampen von 6 bis 14 Volt Spannung in Reihenschaltung brennen oder von einer

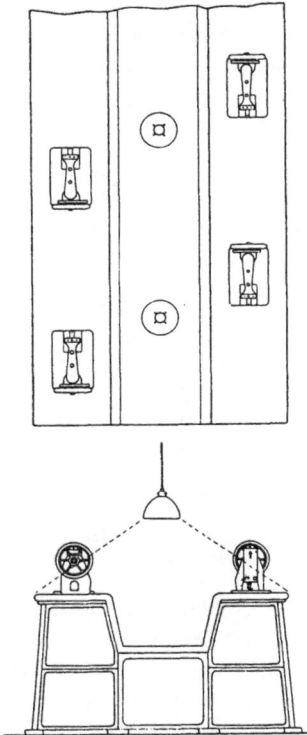

Abb. 85.
Beleuchtung von Nähmaschinen.

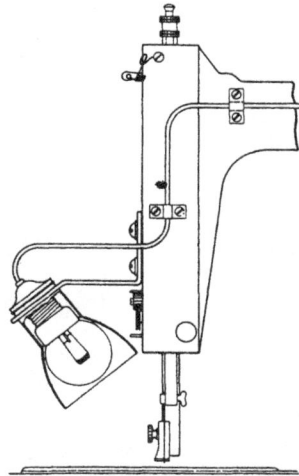

Abb. 86.
Einzelbeleuchtung einer Nähmaschine.

Akkumulatorenbatterie gespeist werden, während bei Wechsel- und Drehstrom kleine Transformatoren (Reduktoren) am Platze sind.

§ 37. Die Beleuchtung von Schalttafeln und Meßinstrumenten.

Bei der Beleuchtung von Meßinstrumenten und Schalttafeln stört die Spiegelung der Lichtquellen und stark beleuch-

teten Flächen in den als Abschluß dienenden Glasscheiben.
Die bei jeder Glasplatte auftretende Spiegelung erzeugt
ein Bild der Lichtquelle (genauer: zwei übereinander liegende
Bilder), deren Flächenhelle etwa 8% derjenigen der Lichtquelle beträgt. Ist die Flächenhelle der Lichtquelle groß, so
genügt dieses Bild, um die dahinter liegende Skala zu ver-
schleiern. Aus der Abb. 87 geht hervor, daß diese Erscheinung

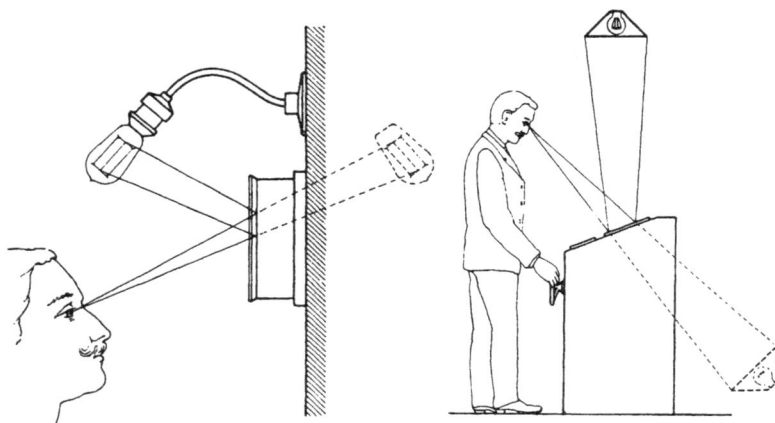

Abb. 87.
Spiegelung bei vertikalen Instrumenten.

Abb. 88.
Spiegelung bei Schaltpulten.

bei Instrumenten in senkrechter Lage auftritt, wenn die Skala
(und die Lichtquelle) höher liegen als das Auge. Bei Schaltpulten mit geneigten Instrumenten, die von oben beleuchtet
werden, kann die Spiegelung ebenfalls auftreten (Abb. 88).
Wird die Schalttafel durch einzelne Lampen beleuchtet, so
kann man durch eine seitliche Bewegung des Kopfes die Spiegelung vermeiden und die Skala klar erkennen.

Eine gleiche Wirkung hat die seitliche Anbringung
der Lichtquelle. Der Zeigerschatten fällt dann allerdings
nicht mehr unterhalb des Zeigers, sondern seitlich davon,
was die Ablesung erschwert.

Erfolgt die Beleuchtung durch Reihen von Glühlampen
in sog. Soffitten (Abb. 89), so ist es schwer, die Spiegelung
zu vermeiden, falls die Vorbedingungen zu ihrem Entstehen

gegeben sind. Bei der Anordnung der Soffitte zur Schalttafel muß diesem Umstand Rechnung getragen werden.

Im übrigen hat die Beleuchtung von Schalttafeln durch Soffitten den Vorzug, daß die Lichtquellen vom Maschinenhaus

Abb. 89. Soffitte.

aus unsichtbar bleiben. Die Bauart der Schaltbühnen ermöglicht es häufig, den langgestreckten Reflektor hinter einem Vorsprung des Mauerwerks anzubringen, wo er unsichtbar bleibt (Abb. 90). Die Länge der Soffitte wird gewöhnlich gleich derjenigen der Schalttafel gemacht. Auf keinen Fall darf sie kürzer genommen werden, denn schon bei gleicher Länge fällt die Beleuchtung der Schalttafel an den Enden auf nahezu die Hälfte des in der Mitte der Schalttafel vorhandenen Wertes. Durch Verwendung größerer Lampen an den Enden und kleinerer Lampen in der Mitte des langen Reflektors kann man diesen Unterschied ausgleichen.

Die Schalttafelbeleuchtung durch Soffitten ist ein Beispiel für die Beleuchtung durch eine langgestreckte Lichtquelle, bei der man das quadratische Entfernungsgesetz nicht anwenden kann.

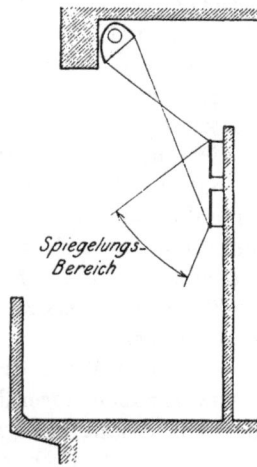

Abb. 90.
Beleuchtung einer Schalttafel.

Für einzelne Instrumente verwendet man auch die Durchleuchtung der Skala, die zu diesem Zweck auf Milchglas auf-

getragen und von der Rückseite durch eine kleine, im Gehäuse
des Instrumentes angebrachte Glühlampe beleuchtet wird.
Ein Nachteil dieser Beleuchtungsart ist die Erwärmung des
Innern des Instrumentes durch die Glühlampe.

§ 38. Die Beleuchtung feuergefährlicher Räume.

Nach den Vorschriften des V.D.E. kommen für die Beleuchtung von Räumen, in denen leichtentzündliche oder
explosive Stoffe lagern oder verarbeitet werden, nur Glühlampen mit Luftabschluß in Betracht. Bogenlampen und
offene Glühlampen, wie die ehemalige Nernstlampe, sind von der
Verwendung ausgeschlossen. Da jedoch mit einer Zertrümme-
rung des Glühlampenballons gerechnet werden muß, und da
Glühlampen (insbesondere die Gasfüllungslampe) auf der
Außenseite schon eine ziemlich hohe Temperatur aufweisen,
ist die Verwendung einer weiteren Schutzglocke erforderlich.
Im Gegensatz zu den sog.»wasserdichten« Armaturen dürfen
diese Glocken keine Öffnung aufweisen, durch die entzündliche
Stoffe oder Gase eindringen können. Mittels Gummiringen
werden die Glocken vollständig luftdicht abgeschlossen. Zum
Schutze der äußeren Glocke kann außerdem ein Schutzkorb
aus kräftigem Draht dienen.

Bei diesen als explosionssicher bezeichneten Armaturen
kommt die Kühlung durch die das Innere durchstreichende
Außenluft in Wegfall. Die in der Armatur eingeschlossene
Luft erwärmt sich um so stärker, je größer die Glühlampe
und je kleiner die kühlende Oberfläche der Armatur ist, wobei
die Temperatur bis zu 150⁰ C steigen kann. Bei den größeren
Gasfüllungslampen von 300 und 500 Watt sind Wärme-
mengen abzuführen, die denen eines Heizkörpers vom gleichen
Wattverbrauch ungefähr entsprechen. Es ist deshalb ratsam,
mit den Glühlampen niemals bis zu jener Größe zu gehen,
die sich gerade noch mit den Innenmassen der Armatur ver-
einbaren läßt, sondern kleinere Glühlampen zu verwenden,
damit die Erwärmung nicht zu hoch steigt. Um die geringere
Brenndauer der Glühlampe infolge der sie umgebenden
warmen Luft auszugleichen, wähle man die Glühlampen-
spannung um 5 bis 10% höher als die normale Netz-

spannung, so daß die Lampe mit Unterspannung brennt
(vgl. Abb. 121).

Glühlampen von 500 Watt und darüber in explosionssicheren Armaturen machen besondere Vorkehrungen zwecks
besserer Abkühlung der Glühlampe erforderlich. Die in Abb. 91
dargestellte explosionssichere Armatur von Dr. Ing. Schneider
& Co. besitzt eine verstärkte Luftzirkulation. Fassung und
Glühlampe sind von einem im Innern des Gehäuses liegenden

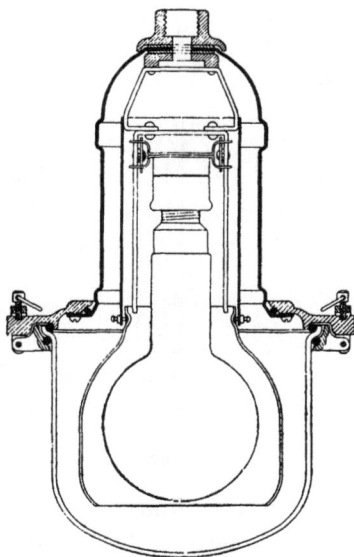

Abb. 91.

Schornstein umgeben, an den sich unten eine Glocke aus
dünnem, lichtstreuendem Glas anschließt. In diesem inneren
Schornstein steigt die erwärmte Luft auf, um sich dann in
dem äußeren Raum zwischen Gehäuse und Schornstein ab-
zukühlen und nach unten zu strömen, von wo sie durch die
große Öffnung der inneren Glocke wieder ihren Kreislauf be-
ginnt. Die beiden Glocken haben bei dieser Armatur ge-
trennte Aufgaben. Die äußere Glocke besteht aus starkem
Klarglas und ist dadurch widerstandsfähiger beim Einspannen

zur Herstellung des vollkommenen luftdichten Abschlusses. Die innere Glocke ist dagegen aus dünnem lichtstreuenden Glas angefertigt, welches die starke Erwärmung besser aushält. Die große untere Öffnung der lichtstreuenden Glocke bewirkt eine stark nach unten gerichtete Lichtverteilung,

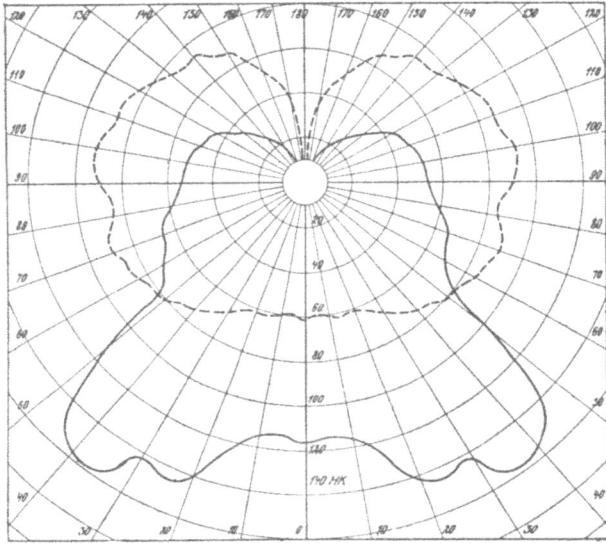

Abb. 92.

die in Abb. 92 für eine Gasfüllungslampe von 1000 Lm. dargestellt ist. Der gesamte Lichtverlust ist nur 23%.

Bei der Beleuchtung feuergefährlicher Räume durch explosionssichere Armaturen müssen auch die weiteren Zubehörteile wie Schalter, Sicherungen usw. entweder außerhalb des Raumes liegen, oder gasdicht eingekapselt sein.

Um jede Gefahr der Entzündung explosiver Gasgemische infolge Öffnens der Glasglocke bei eingeschalteter Glühlampe zu vermeiden, verwendet man, insbesondere in Bergwerken, Armaturen mit einer Verriegelung zwischen dem Glockenverschluß und einem eingebauten Schalter. Erst nach Ausschalten des Stromkreises kann die Glocke geöffnet und die Glühlampe entfernt werden[41]).

An Stelle eines vollständig luftdichten Abschlusses kann man zur besseren Kühlung großer Gasfüllungslampen einen Luftstrom durch das Innere der Armatur hindurchführen, wenn dafür gesorgt ist, daß eine etwaige Entzündung brennbarer Gase sich auf das Innere der Armatur beschränkt und sich nicht nach außen verbreiten kann. Hannemann & Co. (Düren, Rhld.) verwenden hierzu, wie Abb. 93 zeigt, die aus dem Bergwerksbetrieb bekannten engmaschigen Drahtsiebe in mehreren Lagen bei den Ein- und Austrittsstellen der Kühlluft.

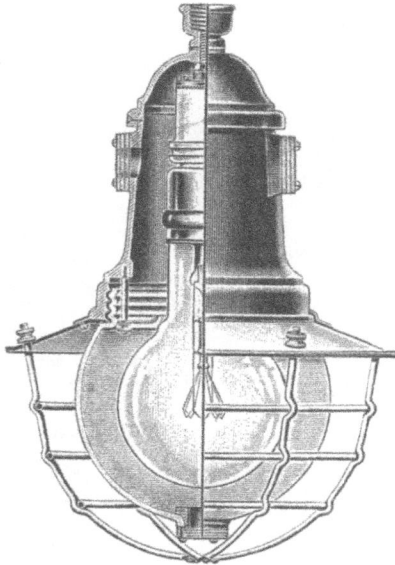

Abb. 93.

Große Sicherheit bietet auch die Beleuchtung feuergefährlicher Räume von außen. Die Beleuchtungskörper werden vor den Fenstern aufgehängt (Abb. 94) oder in besonderen Öffnungen im Mauerwerk angebracht. Die Glühlampen sind dann jederzeit frei zugänglich, und es lassen sich sogar offene Lichtquellen (z. B. Gasglühlicht) verwenden. Die Anbringung vor den Fenstern beeinträchtigt die natürliche Beleuchtung des Raumes etwas und erfordert eine öftere Reinigung der Fenster.

Man nehme den Reflektor nicht größer, als nach den Abmessungen der Lichtquelle erforderlich, und zwar in feueremaillierter Ausführung. Reflektoren aus blankem Metall
sind für die Verwendung im Freien nicht geeignet. Weißlackierte Reflektoren lassen auch rasch in der Wirkung nach
und leiden durch häufige Reinigung. Es ist vorteilhaft, den Reflektor selbst mit einem besonderen
Glasabschluß zu versehen.

Für Petroleumbohrtürme und
ähnliche feuergefährliche Arbeitsstätten fertigen die österreichischen

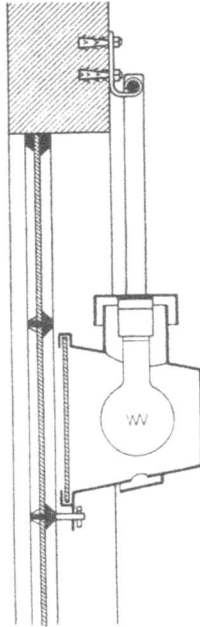

Abb. 94.

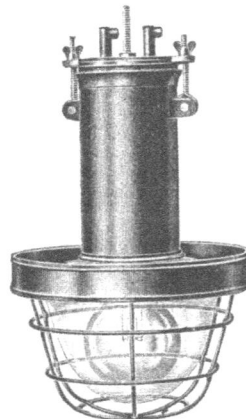

Abb. 95.

Siemens-Schuckertwerke die in Abb. 95 dargestellte Armatur
an, die in eine Öffnung der Wand oder der Decke eingelassen
oder von der Rückseite bedient wird. Ein Vorzug liegt in der
kleinen erforderlichen Wandöffnung. Will man die Lichtquelle selbst auf der Außenseite anordnen, so muß die Öffnung
ziemlich groß sein, um das Licht gut auszunutzen. Da es sich
gewöhnlich um Außenmauern von erheblicher Stärke handelt,
ist eine Erweiterung der Maueröffnung nach innen zu vorzusehen mit weißem Anstrich. Abb. 96 zeigt eine derartige

Anordnung von Dr. Schneider & Co., die auch zum Beleuchten des Innern von Reaktionsräumen, Kühlkammern usw. in chemischen Fabriken dienen kann. Der Reflektor ist als

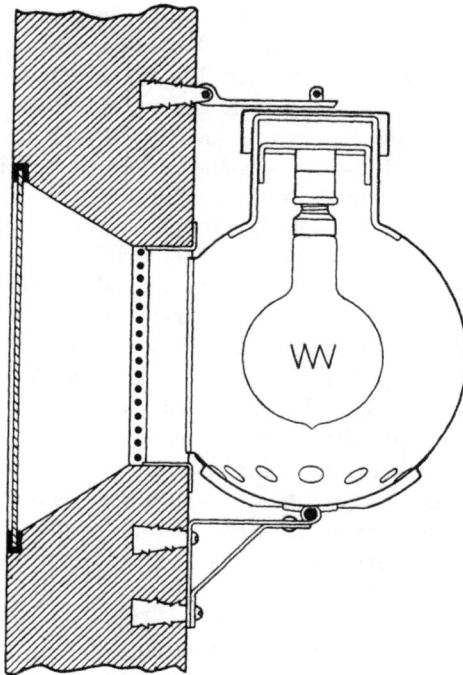

Abb. 96.

Ulbrichtsche Kugel ausgeführt mit weißemaillierter Innenfläche. Ein zweifacher Glasabschluß, ev. mit Schutzgitter, trennt den Beleuchtungskörper von den leichtentzündlichen Stoffen.

§ 39. Die Beleuchtung von Zeichensälen und Bureauräumen.

Für die allgemeinen Gesichtspunkte bei der Beleuchtung von Zeichensälen und Bureauräumen wird auf die in Kap. VIII behandelte künstliche Beleuchtung der Innenräume verwiesen.

9*

An dieser Stelle seien nur die bei diesen Räumen auftretenden Sonderfragen erörtert.

Bei vielen Papierarten (Pauspapier, Pausleinen, geleimte nnd geglättete Schreibpapiere, Kunstdruckpapier) tritt neben der zerstreuten Reflexion des Lichtes auch eine mehr oder weniger ausgeprägte spiegelnde Reflexion auf. Zwar ist der Anteil des derart reflektierten Lichtes gegenüber dem zerstreut reflektierten Lichte nur gering, aber wie bei der in § 37 beschriebenen Spiegelung an den Glasscheiben der Meßinstrumente kann dieses spiegelnd reflektierte Licht bei glänzenden Papieren ebenfalls sehr stören, indem das Auge unscharfe Spiegelbilder der Lichtquelle sieht, welche Schrift, Druck oder Zeichnung unkenntlich machen. Eine ähnliche Beobachtung macht man bei matten, also nur zerstreut reflektierenden Papieren, wenn Schrift oder Druck glänzen. Die an sich dunkle Schrift erscheint dem Auge durch die Spiegelung der Lichtquellen so hell, daß sie kaum von dem Papier zu unterscheiden ist. Bleistiftschrift, insbesondere aber mit Tintenstift hergestellte Schriftzeichen können infolgedessen vollständig verschwinden, bis das Auge eine solche Stellung einnimmt, daß es durch die nach dem Spiegelungsgesetz erfolgende Reflexion nicht mehr gestört wird.

Die Erkennung der Ursache dieser unangenehmen Erscheinungen bei glänzenden Papieren und glänzenden Schriftzeichen zeigt den Weg zur Abhilfe. Die Spiegelbilder wirken um so störender, je größer ihre Flächenhelle ist. Diese beträgt jeweils einen bestimmten Bruchteil der Flächenhelle der Lichtquellen. Letztere muß also durch die bekannten Mittel heruntergesetzt werden, vor allem aber sind nackte Lichtquellen auch in Reflektoren zu vermeiden.

Ist das nicht tunlich, so sind die Lichtquellen so anzuordnen, daß keine Spiegelung entstehen kann. Die Lage des Blattes zum Lesen, Schreiben oder Zeichnen pflegt durch die Anordnung des Arbeitsplatzes schon festgestellt zu sein, ebenso die Stellung des Auges. Stehlampen mit Reflektor dürfen niemals nach Abb. 97 auf die Mittellinie des Arbeitsplatzes gestellt werden, sondern müssen links stehen (Abb. 98). Das gleiche gilt für Hängelampen (Schnurpendel u. dgl.). Es

ist deshalb nicht möglich, ein Doppelpult durch e i n e in der
Mitte aufgehängte Lampe mit Reflektor richtig zu beleuchten.
Man braucht hierzu vielmehr die Anordnung nach Abb. 99,
bei der z. B. durch eine Doppelstehlampe
beide Arbeitsplätze gut beleuchtet sind.
Sind mehrere (*n*) Doppelpulte in einer
Reihe aufgestellt, so genügen (*n* + 1)
Lampen in der Anordnung nach Abb. 100.

Abb. 97.
Falsche Anordnung
einer Stehlampe.

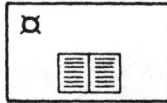

Abb. 98.
Richtige Anordnung
einer Stehlampe.

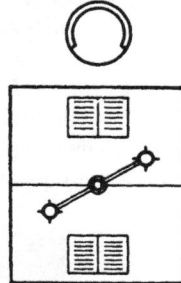

Abb. 99.
Beleuchtung eines
Doppelpultes.

Stehlampen passen sich jeder Änderung in der Anordnung
der Arbeitsplätze an, Lampen an Schnur- oder Rohrpendel

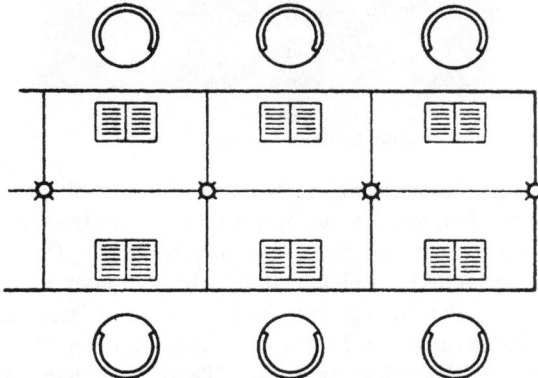

Abb. 100. Beleuchtung einer Reihe von Doppelpulten.

dagegen nicht. Bei diesen verwendet man gewöhnlich die
seitliche Verspannung mittels Bindfäden als wenig schöne
und wenig zweckmäßige Lösung.

Die Allgemeinbeleuchtung von Bureauräumen vermeidet diese Schwierigkeiten. Wird durch halbindirekte oder direkte Beleuchtung die Spiegelung am Papier unschädlich gemacht und die Schattenbildung verringert (siehe Abb. 50 bis 54), so können die Arbeitsplätze nahezu beliebig angeordnet werden. Es ist sogar eine Störung durch den Schatten etwaigen von r e c h t s auftreffenden Lichtes kaum zu befürchten.

Für die Beleuchtung von K a r t o t h e k e n und Vertikalregistraturen eignet sich die direkte Beleuchtung durch einzelne Arbeitsplatzlampen nicht. Nur selten wird man die Licht-

Abb. 101.
Falsche Beleuchtung beim Zeichnen.

quelle so anordnen können, daß die Kartothekkarten keine Schatten werfen, welche das Erkennen der Eintragungen beim Durchblättern der Karten sehr erschweren. Diese Arbeit ist bei ungeeigneter Beleuchtung sehr ermüdend.

Bei der Beleuchtung von S c h r e i b m a s c h i n e n muß man mit der Spiegelung des Lichtes an den blanken Metallteilen, sowie an den Glasabdeckungen der Tasten rechnen. Auch bei den vorwiegend mit Bleistift geschriebenen Stenogrammen kann die Spiegelung auftreten. Stehen mehrere Schreibmaschinen in einem Zimmer, so verdient deshalb die Allgemeinbeleuchtung den Vorzug.

Das Zeichnen stellt an die Güte und die Stärke der künstlichen Beleuchtung stets besondere Anforderungen wegen der Feinheit und Genauigkeit der Zeichnung, wegen des geringen Kontrastes zwischen Bleistiftstrichen und Papier und wegen der zweifachen Möglichkeit der Spiegelung an Papier (Pauspapier) und Bleistiftstrichen. Vor allem vermeide man daher die Blendung des Auges, wie sie z. B. bei der in Abb. 101 dargestellten falschen Zeichentischbeleuchtung auftritt. Abb. 102 zeigt als Gegenbeispiel die richtige Beleuchtung des gleichen Arbeitsplatzes, bei der das Auge sich im Schatten des Reflek-

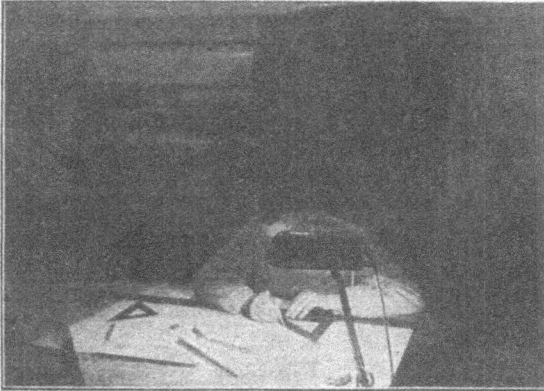

Abb. 102.
Richtige Beleuchtung beim Zeichnen.

tors befindet. Immerhin lassen sich bei dieser direkten Beleuchtung scharfe Schlagschatten des Winkeldreiecks, der Bleistiftspitze usw. nicht vermeiden. Deshalb verdient die blendungsfreie Allgemeinbeleuchtung, sei sie indirekt oder halbindirekt, für Zeichensäle stets den Vorzug. Die direkte Allgemeinbeleuchtung kommt infolge der Unruhe der Beleuchtung, die durch die vielen verschieden gerichteten Schatten geschaffen wird (siehe Abb. 49), für Zeichensäle kaum in Frage. Gegen die indirekte Zeichensaalbeleuchtung hört man häufig den Einwand erheben, sie sei schattenlos und erschwere dadurch z. B. das Einsetzen der Zirkelspitze in den Kreismittel-

punkten. Es ist zum mindesten fraglich, ob man diesen ver-
einzelten Vorgang als Merkmal für die Güte der Beleuchtung
beim Zeichnen überhaupt verwenden darf. Außerdem kann
man die indirekte Beleuchtung nicht schlechthin als schattenlos
bezeichnen. Man vergleiche hierzu die Abb. 50 bis 52 auf
S. 91/92. Die geringen und weichen Schatten werden bei der
Handhabung von Reißschiene und Winkeldreieck gerade
angenehm empfunden, auch stört bei der indirekten Beleuchtung der eigene Schatten den Zeichner nicht. Ferner sollte
man gerade beim Zeichnen, welches das Auge sehr anstrengt,
nicht an der Bestätigung einer alten Erfahrung durch die Untersuchungen Ferrees[42]) vorübergehen, nach denen nur die
indirekte Beleuchtung das Auge nicht mehr ermüdet als die
natürliche Beleuchtung.

Die halbindirekte Beleuchtung ist ebenfalls für Zeichensäle geeignet, wenn man durch genügend hohe Aufhängung
und durch reichliche Bemessung der Größe der Beleuchtungskörper (geringe Flächenhelle der lichtstreuenden Teile) jede
Blendung ausschließt.

Bei wagrechten Zeichentischen unterscheidet sich die
Beleuchtung nicht von der üblichen Beleuchtung eines Arbeitsplatzes, die als Horizontalbeleuchtung gemessen wird. Bei
stehenden Zeichenbrettern hat die Horizontalbeleuchtung
dagegen keine Bedeutung. Mittels Reflektoren, die den Lichtstrom nach unten stark konzentrieren, könnte man z. B.
eine direkte Beleuchtung von großer horizontaler Beleuchtungsstärke erzielen, die jedoch für stehende Zeichentische vollständig ungenügend wäre. Der sehr schräge Einfall des Lichts
bedingt außerdem lange, störende Schatten, zu denen sich
u. U. noch der Schatten des Zeichners gesellt. Für stehende
Reißbretter ist die indirekte bzw. die halbindirekte Beleuchtung
deshalb unbedingt die zweckmäßigste. Wenn man die
für das Zeichnen erwünschte hohe Beleuchtungsstärke aus
wirtschaftlichen Gründen nicht für den ganzen Zeichensaal
anwenden will, kann man sich mit einer Allgemeinbeleuchtung
von geringer Stärke begnügen und nach Bedarf eine zusätz-
liche direkte Beleuchtung des Reißbrettes verwenden. Die
hierzu benutzten Reflektoren müssen nicht nur die Lichtquelle

vollständig dem Auge verbergen, sondern müssen auch bequem in allen Richtungen verstellbar sein, damit der Zeichner das Licht an jeder Stelle der Zeichnung anwenden kann, ohne durch die Spiegelung am glänzenden Papier gestört zu werden. Für eine derartige Reißbrettbeleuchtung gibt es die verschie-

Abb. 103.

densten Konstruktionen, wie drehbare Wandausleger mit auf Rollen laufendem Lampenpendel, an der Decke befestigte Rohre, und verstellbare Lampen, die unmittelbar an dem Reißbrett befestigt sind und dadurch beim verstellbaren Reißbrett jede Bewegung ohne weiteres mitmachen. Ein Beispiel der Reißbrettbeleuchtung letztgenannter Art ist in Abb. 103 dargestellt.

Kapitel XI.

Außenbeleuchtung.

§ 40. Die Aufgaben der Außenbeleuchtung.

Bei der Außenbeleuchtung ist zu unterscheiden, ob diese nur dem Verkehr, sei es von Personen. Fahrzeugen oder Gütern dient (Straßen, Güterbahnhöfe, Lagerplätze), oder ob sie sich für die Ausführung von Arbeiten eignen soll, die, wie es in Fabrikbetrieben häufig vorkommt, unter freiem Himmel vorgenommen werden müssen. Diese Art der Außenbeleuchtung finden wir z. B. auf den Schiffswerften sowie auf den Montageplätzen von Eisenkonstruktionswerkstätten (Brückenbau, Kranbau, Weichenbau). Von den überdeckten Werkstätten unterscheiden sich diese Arbeitsstätten nur durch das Fehlen des Daches und der Wände, wobei jedoch die Kranbahn oft die Möglichkeit bietet, Beleuchtungskörper aufzuhängen. Da die hier vorzunehmenden Arbeiten sich gewöhnlich nur durch die Größe der Werkstücke von der Werkstättenarbeit unterscheiden, führt man die Beleuchtung nach den Gesichtspunkten aus, die für die Innenbeleuchtung von Montagehallen, Kesselschmieden und dergl. maßgebend sind, unter Berücksichtigung des Fehlens jeglicher Reflexion des Lichtes an der Decke und den Wänden. Die Aufgaben der Außenbeleuchtung weichen in diesem Falle kaum von denjenigen der Innenbeleuchtung ab.

Bei der Außenbeleuchtung von Straßen und Plätzen, die dem Verkehr dienen, kann man die Methoden der Innenbeleuchtung nicht übertragen. Einerseits sind die zu beleuchtenden Flächen sehr ausgedehnt, andererseits genügt eine

schwächere Beleuchtung, als in Innenräumen, in denen gearbeitet wird. Bei dieser Art der Außenbeleuchtung, die als
Verkehrsbeleuchtung bezeichnet sei, kommt es nur ausnahmsweise vor, daß man feinere Schrift lesen oder Arbeiten
verrichten muß, die größere Ansprüche an die Beleuchtung
stellen. Man ist auf der Straße nicht an eine bestimmte
Stelle gebunden, man ist in Bewegung und gelangt dabei
immer wieder in die unmittelbare Nähe der Lichtquellen,
wo die Beleuchtung zum Lesen und dergl. ausreicht.

Die Verkehrsbeleuchtung bezweckt in erster Linie die
Sicherheit des Verkehrs. Unebenheiten des Weges müssen
ebenso kenntlich gemacht werden wie die sich auf der Straße
bewegenden Personen und Fuhrwerke. Hierzu genügt schon
eine schwache Beleuchtung, vorausgesetzt, daß das Auge nicht
geblendet wird. In dieser Beziehung sind viele Straßen-
beleuchtungen nicht einwandfrei, denn der vom nächtlichen
Himmel gebildete tiefschwarze Hintergrund und die durch
wirtschaftliche Gründe bedingte Größe der Lichtquellen für
Straßenbeleuchtung begünstigen beide die Blendung.

Sehen wir von den Hauptverkehrsstraßen ab, in denen
die Beleuchtung so stark ist, daß tatsächlich die Unterscheidung aller Einzelheiten von Personen und Fuhrwerken möglich
ist, so finden wir, daß bei schwächerer Straßenbeleuchtung
die Wahrnehmung der Menschen und Gegenstände hauptsächlich durch ihre Silhouette erfolgt[43]). Was wir sehen, ist
nicht ein Mensch oder ein Wagen selbst, sondern die durch
die folgenden Laternen beleuchteten Stellen der Straße, die
einen hellen Hintergrund bilden, und von diesem leuchtenden Hintergrund hebt sich der Mensch oder der Gegenstand als dunkle Fläche von charakteristischem Umriß (dem
Schattenriß) ab. Bei dieser Art des Sehens kommt es natürlich gar nicht darauf an, wie der uns begegnende Mensch
beleuchtet ist, sondern wie der leuchtende Hintergrund beschaffen ist, der uns den Menschen erst mittelbar sichtbar
macht.

Dieser gewöhnlich kaum beachtete Silhouette-Effekt
spielt also bei der Straßenbeleuchtung eine wichtige Rolle.
Er hat zur Folge, daß es nicht, wie man eigentlich bei der

Straßenbeleuchtung annehmen sollte, ohne Belang ist, ob die
Straßendecke viel oder wenig Licht reflektiert, und ob sie dies
zerstreut oder z. T. spiegelnd tut. Bei einer grauen, asphal-
tierten Straße wird man mit einer schwächeren Beleuchtung
auskommen als bei einem Weg, der mit schwarzem Kohlen-
grus gedeckt ist. Der Silhouetteeffekt gibt auch die Erklärung
dafür, weshalb die schwache Spiegelung des durch starken
Verkehr glattgefahrenen Asphalts die Straßenbeleuchtung nicht
beeinträchtigt, während die starke Spiegelung, die bei nassen
Straßen (insbesondere solchen aus Asphalt) auftritt, das deut-
liche Erkennen auf der Straße erschwert.

Da der Hintergrund, von dem sich die Gegenstände auf
der Straße durch ihre Silhouette abheben, das perspektivische
Bild der Straßenoberfläche ist, wird die Verteilung der Beleuchtung auf der Straße auf die Beschaffenheit dieses Bildes
Einfluß haben. Eine beleuchtete Stelle der Straßenoberfläche
wird einen um so größeren Teil des Hintergrundes einnehmen,
je höher sich das Auge befindet und je näher und größer
die Stelle ist. Wird die Straße durch eine Reihe von Laternen
beleuchtet, so werden die von den weiter entfernten Laternen
beleuchteten Stellen eine geringere Bedeutung für das Zustandekommen des Hintergrundes haben. Bei blendenden
Lichtquellen ist es oft nicht einmal möglich, Gegenstände
genauer zu unterscheiden, die hinter der erstfolgenden
Laterne sich befinden.

§ 41. Die Stärke und die Gleichmäßigkeit der Außenbeleuchtung.

Da es sich bei der Außenbeleuchtung (Verkehrsbeleuchtung) um Flächen von großer Ausdehnung handelt, würde
die Verteilung der Lichtquellen nach den für Innenbeleuchtung
maßgebenden Gesichtspunkten zwar eine sehr gleichmäßige
Beleuchtung ergeben, aber dafür auch außerordentlich hohe
Anlage- und Betriebskosten bedingen. Zahlreiche Masten und
Draht-Überspannungen wären zum Tragen der Laternen und
der Stromzuführungen erforderlich, die Beleuchtung dagegen
wäre unnötig stark. Eine schwächere Beleuchtung nur durch
Verwendung kleiner Lichtquellen zu erzielen, ihre Zahl aber
unverändert zu lassen, wäre unwirtschaftlich, schon mit Rück-

sicht auf das auf S. 58 über den spez. Effektverbrauch der Gasfüllungslampen Gesagte.

Man wird deshalb bei der Außenbeleuchtung nach Möglichkeit große Lichtquellen verwenden und dafür deren Zahl einschränken.

Als mittlere Beleuchtungsstärke (Beleuchtung auf einer horizontalen Ebene 1,5 m über dem Erdboden) empfiehlt B l o c h [44]) für

Hauptstraßen mit starkem Verkehr . . . 3—6 Lux,
Nebenstraßen mit stärkerem Verkehr . . 1,5—3 Lux,
Nebenstraßen mit schwachem Verkehr . . 0,5—1 Lux.

Die mittlere Stärke der Beleuchtung genügt jedoch nicht, um die Güte der Außenbeleuchtung zu kennzeichnen. Diese ist nämlich viel ungleichmäßiger als die Innenbeleuchtung, bei der man gewöhnlich mit der mittleren Beleuchtung auskommt. Die Ungleichmäßigkeit der Außenbeleuchtung ist die Folge der großen Lampenentfernungen, die nicht durch eine entsprechend höhere Aufhängung der Lampen ausgeglichen werden können. Das Verhältnis Lampenentfernung zu Aufhängehöhe $\left(\dfrac{l}{h}\right)$ ist bei der Außenbeleuchtung groß. Es beträgt zwischen 6 : 1 und 3 : 1, während es bei der Innenleuchtung gewöhnlich zwischen 2 : 1 und 1 : 1 liegt.

Die Abhängigkeit der Beleuchtung von dem Verhältnis $\left(\dfrac{l}{h}\right)$ ist in Abb. 104 für die Werte $\left(\dfrac{l}{h}\right) = 2, 3$ und 4 darge-

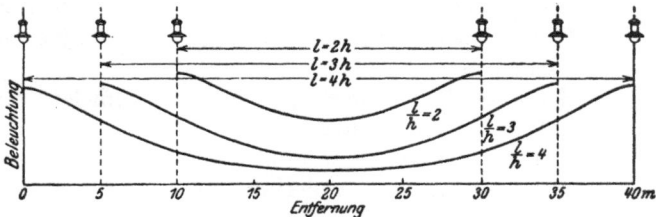

Abb. 104.
Verlauf der Straßenbeleuchtung bei verschiedenen Lampenentfernungen.

stellt unter Zugrundelegung der Lichtverteilung einer Außenarmatur nach Abb. 110. Lampen mit gleichem Lichtstrom

hängen in derselben Höhe, nur ihre Entfernung wurde von
Fall zu Fall geändert und die Stärke der Beleuchtung in verschiedenen Abständen von den Lichtquellen als Ordinate auf-
getragen. (Beleuchtungskurven.)

Das Verhältnis der maximalen Beleuchtungsstärke zur
minimalen Beleuchtungsstärke wird als Ungleichmäßigkeitsgrad der Beleuchtung bezeichnet. Er hat in der
Abb. 104 folgende Werte:

$\dfrac{l}{h}$	Ungleichmäßigkeitsgrad
2	1,74
3	3,6
4	7,1

Der Ungleichmäßigkeitsgrad nimmt also mit wachsendem
Verhältnis $\dfrac{l}{h}$ stark zu.

Dagegen bleibt bei Lampen mit gleichartiger Lichtverteilung der Ungleichmäßigkeitsgrad stets unverändert, wenn
das Verhältnis von Lampenabstand zu Lichtpunkthöhe gleich
ist. Lampen in 30 m Entfernung und 6 m Höhe geben denselben Verlauf der Beleuchtungskurve und den gleichen Ungleichmäßigkeitsgrad, wie wenn sie in 5 m Höhe und 25 m
Entfernung angebracht sind. Es ändern sich nur die absoluten Werte der Beleuchtung. In Punkten, deren Entfernungen dem Verhältnis der Aufhängehöhen entsprechen, verhalten sich die Beleuchtungsstärken umgekehrt wie die Qua-
drate der Aufhängehöhen.

Man kann bei der Bewertung einer Straßenbeleuchtung
von der mittleren Beleuchtungsstärke ausgehen und diese
durch den Ungleichmäßigkeitsgrad ergänzen. Es besteht
jedoch kein Zusammenhang zwischen der mittleren Beleuchtung und der maximalen und minimalen Beleuchtung, welche
den Ungleichmäßigkeitsgrad bestimmen. Die mittlere Beleuchtung ist nicht der Mittelwert aus maximaler und minimaler
Beleuchtung, sondern das Mittel der Beleuchtung in einer
größeren Anzahl gleichmäßig verteilter Punkte oder das Ver-

hältnis des auf die Fläche auftreffenden Lichtstroms zur Größe dieser Fläche.

Wir können daher in bezug auf den Ungleichmäßigkeitsgrad n u r aussagen, daß das Maximum der Beleuchtung größer und das Minimum kleiner ist als die mittlere Beleuchtungsstärke.

Es spricht deshalb vieles dafür, die Mindestbeleuchtungsstärke als Grundlage für die Beurteilung der Straßenbeleuchtung zu wählen. Diesen niedrigsten Wert trifft man gewöhnlich in der Mitte zwischen zwei Laternen an, vorausgesetzt, daß deren Lichtverteilung gleich ist. Die einwandfreie Messung der Mindestbeleuchtungsstärke bereitet jedoch infolge des schrägen Einfalls der Lichtstrahlen auf die Meßplatte des Photometers und ihrer sehr geringen Größe (in Nebenstraßen z. B. 0,1—0,3 Lux) erhebliche Schwierigkeiten. Bei vorgeschriebener Mindestbeleuchtungsstärke werden jene Lichtquellen am wirtschaftlichsten sein, welche bei gegebener Anordnung die gleichmäßigste Beleuchtung liefern. Es sind dem jedoch gewisse Grenzen gesetzt, auf die wir in § 42 näher eingehen werden.

§ 42. Die Beleuchtungskörper für Außenbeleuchtung.

Die mechanischen Forderungen, die an Beleuchtungskörper für Außenbeleuchtung gestellt werden müssen, sind mit Rücksicht auf die Einwirkung von Wind und Wetter höher als die für Innenräume geltenden. Unter Hinweis auf das schon in §§ 24 und 25 Gesagte, können sie als folgt zusammengefaßt werden:

Kräftiger Bau des Gehäuses,

Schutz gegen Rost (gute Emaillierung oder mehrfache, sorgfältige Lackierung),

Möglichst wenige freiliegende Öffnungen für Schrauben usw.,

Reichliches Gewicht oder eine andere Sicherung gegen Pendeln im Winde,

Kräftige Aufhängung und geschützte Leitungseinführung,

Sicherheit gegen Eindringen von Regen, Schmelzwasser, Staub und Insekten,

Verstellung der Fassung von außen ohne Öffnen des Gehäuses und der Glocke.

Ausführlicher müssen wir uns mit den lichttechnischen Forderungen beschäftigen. Als erste und einfachste erwähnen wir daß der Beleuchtungskörper (Laterne, Armatur) einen möglichst geringen Lichtstrom in den oberen Halbraum, also oberhalb der durch den Mittelpunkt der Lampe gelegten wagrechten Ebene entsenden soll. Dieser Lichtstrom ist für die Außenbeleuchtung verloren. Zwar ist es zur Verringerung der Kontraste und zur Schaffung des in § 40 erwähnten hellen Hintergrundes erwünscht, nicht nur die Straßenoberfläche, sondern auch die angrenzenden Gebäude zu beleuchten, aber hierzu genügt durchweg der Lichtstrom, der die Wände unterhalb der durch die Lampe gelegten wagrechten Ebene trifft.

Bei der Verwendung lichtstreuender Gläser, die man auch bei der Außenbeleuchtung nicht gut entbehren kann, läßt sich das Entweichen eines gewissen Lichtstroms in den oberen Halbraum nicht vermeiden. Die Größe dieses Lichtstroms läßt sich durch die Form der Glocke und durch die Verwendung eines Außenreflektors verringern. Für Glocken der in Abb. 110 dargestellten Form ist der Lichtstrom im oberen Halbraum aus folgender Tabelle zu entnehmen:

Tabelle 14.

Lichtstrom im oberen Halbraum in $^0/_0$ des gesamten von der Armatur ausgehenden Lichtstroms:

Glocke	ohne Reflektor	kleiner Reflektor	großer Reflektor
Klarglas	38	28	15
Mattiert	40	29	16
Opaleszent . . .	39	29	18
Opalüberfang . .	37	27	19

Es ist aber auch nicht unwesentlich, wie der Lichtstrom in dem unteren Halbraum ausgestrahlt wird.

Bei den Reflektoren für Arbeitsplatzbeleuchtung strebt man eine Lichtverteilung an, bei welcher der Lichtstrom der

Lampe möglichst auf den Bereich eines spitzen Kegels kon-
zentriert ist. (Vgl. z. B. Abb. 63.) Für die Außenbeleuchtung
muß die Lichtverteilung der Lichtquelle durch geeignete

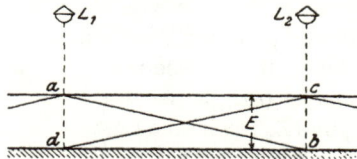

Abb. 105.

Hilfsmittel so gestaltet werden, daß die Beleuchtung unterhalb der Laterne vermindert, die Mindestbeleuchtung zwischen
den Laternen dagegen vergrößert wird, so daß die Beleuchtung
gleichmäßiger wird. Obgleich man nur selten eine vollständig
gleichmäßige Außenbeleuchtung erzielt, ist es zur Beurteilung

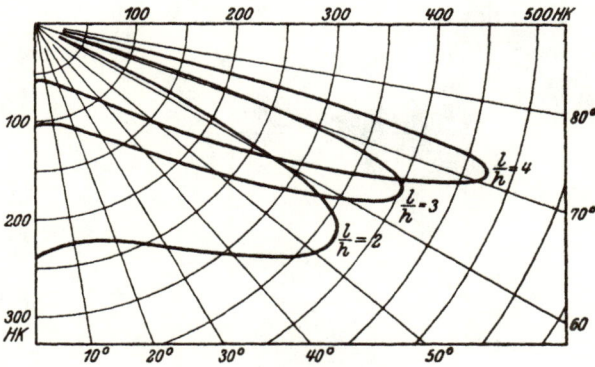

Abb. 106.
Lichtverteilungskurven zur Erzeugung einer gleichmäßigen Straßenbeleuchtung.

der Beleuchtungskörper für Straßenbeleuchtung und ihrer
Lichtverteilung zweckmäßig, von dem theoretischen Fall der
vollkommen gleichmäßigen Beleuchtung auszugehen. Bei
langgestreckten Straßen und Wegen kann man sich auf die
Beleuchtung längs der Verbindungslinie zweier aufeinanderfolgender Laternen beschränken.

Die in Abb. 105 dargestellte gleichmäßige Beleuchtung
von der Stärke E Lx kann in verschiedener Weise aus den

Beleuchtungskurven zweier Lichtquellen zusammengesetzt werden. Am einfachsten ist der Verlauf der Beleuchtungskurve einer einzelnen Lichtquelle, wie er in Abb. 105 durch eine gerade Linie $a\,b$ gegeben ist, die von dem Wert E senkrecht unterhalb der Laterne L_1 auf den Wert 0 unterhalb der nächsten Laterne L_2 fällt. Verläuft die Beleuchtung von L_2 gleichartig ($c\,d$), so ist die Summe der von L_1 und L_2 bewirkten Beleuchtungen an jeder Stelle gleich E Lx.

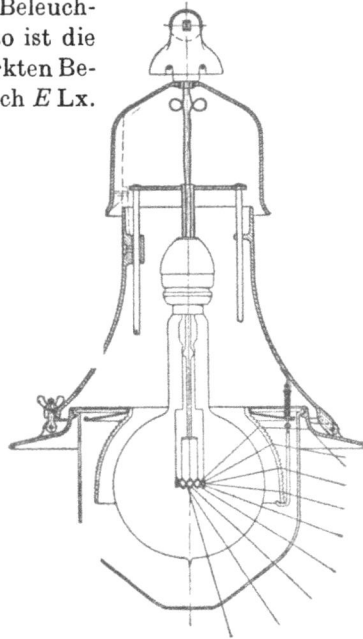

Abb. 107.   Abb. 108.

Nicht jede beliebige Lichtverteilung ergibt eine gleichmäßige Abnahme der Beleuchtung. Es sind hierzu vielmehr Lichtverteilungskurven erforderlich, wie sie in Abb. 106 für verschiedene Lampenentfernungen bei gleicher Aufhängehöhe $\left(\dfrac{l}{h} = 2,\ 3 \ \text{bzw.}\ 4\right)$ dargestellt sind. (Sämtliche Kurven stellen einen Lichtstrom von 1000 Lm dar.)

Bei Armaturen mit Glocken aus lichtstreuendem Glas ist eine derartige Lichtverteilung mit ausgeprägtem Maximum der Lichtstärke nicht zu erreichen. Man muß vielmehr besondere Hilfsmittel verwenden, um den Lichtstrom entsprechend zu verteilen, entweder spiegelnde Reflektoren oder Klarglasglocken mit prismatischen Rippen (Diopterglocken).

Abb. 107 stellt die Multi-Armatur[45]) dar, mit 2 Reflektoren aus Aluminium. Eine Schale aus lichtstreuendem Glas, welche die untere Hälfte der Gasfüllungslampe umfaßt, vermeidet die Blendung durch die direkten Lichtstrahlen.

Die von der Bogenlampe her bekannte Diopterglocke wird von Körting und Mathiesen auch bei Armaturen für Gasfüllungslampen benutzt.[46]) Abb. 108 stellt einen Schnitt durch die Armatur dar, der die Anordnung der Diopterglocke um den oberen Teil der Glühlampenglocke erkennen läßt. Auch hier wird nur der Lichtstrom des oberen Halbraumes, der für die Außenbeleuchtung nicht in Betracht kommt, nach unten in die gewünschte Richtung gelenkt.

Abb. 109.

Mit diesen Armaturen wird auch bei größeren Lampenentfernungen eine einigermaßen gleichmäßige Beleuchtung erzielt, allerdings auf Kosten der Blendungsfreiheit. Wenn in einer bestimmten Richtung ein ausgesprochenes Maximum der Lichtstärke auftritt, so wird die Flächenhelle als Quotient aus Lichtstärke und gesehener Fläche bei Betrachtung der Armatur aus dieser Richtung ebenfalls ein Maximum aufweisen. Da es sich hierbei gerade um Winkel handelt, die nur wenig unterhalb der Horizontalen liegen, wird das Auge durch diese große Flächenhelle leicht geblendet.   (Abb. 109.)

Eine weniger gleichmäßige, aber durch geringere Blendung trotzdem angenehmere und zweckmäßigere Außenbeleuchtung wird durch Armaturen erzielt, deren Glocken aus vollkommen lichtstreuendem Glas (z. B. nicht aus Mattglas) bestehen und eine reichliche Größe aufweisen.

10*

Daher darf man nicht versuchen, in jeder Glocke die größtmögliche Lampe zu verwenden, sondern muß die Glocke, die eine lichttechnische Aufgabe hat, reichlich bemessen.

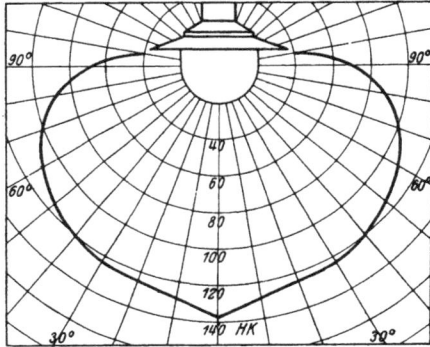

Abb. 110.

Die Lichtverteilung einer derartigen Armatur ist in Abbildung 110 dargestellt (für eine Gasfüllungslampe von 1000 Lm).

Kapitel XII.

Die Projektierung der Beleuchtung.

§ 43. Die Unterlagen für die Projektierung.

Eine Vorbedingung für das Projektieren einer in jeder Hinsicht befriedigenden künstlichen Beleuchtung ist die Vollständigkeit der erforderlichen Unterlagen. Ist eine Besichtigung der zu beleuchtenden Räume nicht möglich (z. B. bei Neubauten, die nur im Entwurf vorliegen), so müssen diese Unterlagen so beschaffen sein, daß sie eine genaue Vorstellung geben von den Abmessungen der Räume, von der Beschaffenheit der Decke, von der Anordnung von Fenstern, Säulen, Arbeitsplätzen und Zwischenwänden, von der Farbe der Decke und den vielen anderen Faktoren, welche die Wahl der Beleuchtungsart, die Verteilung und Höhe der Lichtquellen sowie ihre Stärke bedingen. Eine ausführliche Besprechung dieses Einflusses ist in den §§ 26—39 erfolgt, so daß sich ein nochmaliges Eingehen auf diese für die Innenbeleuchtung ausschlaggebenden Fragen erübrigt. Es versteht sich von selbst, daß man sich in erster Linie das, was dort über die Art der Arbeit, über die Farbe und Beschaffenheit des Materials, über Spiegelung und Schatten gesagt ist, bei der Projektierung vor Augen halten muß. Hierzu kommen Rücksichten auf die Installation, auf die Führung der Leitungen und die Einteilung in Stromkreise, die besonders bei vorhandenen Leitungsanlagen den Lichttechniker beim Projektieren in seiner Freiheit beschränken.

Vertreter:

Auftrag wird erteilt durch: *Abteilung Einkauf*
Installation erfolgt durch: *Gebr. Müller, Warschauerstr. 48*
Rückfragen zu richten an: *Betriebsbüro*
Projekt einzureichen an: *"*

Oeffentliche Ausschreibung — engere Ausschreibung — <u>freihändige Vergebung</u>

Nicht ausfüllen!
Proj. Nr.:
Eing am:
Erledigt:
Frist bis: *12.9.16*

Fragebogen für die Beleuchtungsanlage: *Rheinische Maschinenbau A.G. Köln/Rh.*
Gebäude: *Verwaltungsgebäude* **Stock:** *III* **Raum:** *Zeichensaal B.*

Stromversorgung: <u>Gleich-</u> — Wechsel- — Drehstrom Spannung(en) für Lichtzwecke: *110* Volt
Netto-Strompreis pro KW-St. ...... Pf. Zulässige Höchstbelastung pro Stromkreis: *15* Amp.

Glühlampen: Vorgeschriebenes — bevorzugtes Fabrikat: *———*
Grössen, die auf Lager gehalten werden: 1. Vakuumlampen: *10 – 100 HK* 2. Gasgefüllte L.: *150 – 500 Watt*
Ist die Verwendung anderer Grössen zulässig? *nein*

Beleuchtungsart:
Direkte —
<u>Halbindirekte</u> —
Indirekte —
Soffitten- —
Beleuchtung ist: vorgeschrieben / <u>bevorzugt</u> / vorzuschlagen

Sind Alternativprojekte auszuarbeiten? *ja*
Für welche Beleuchtungsarten? *indirekt* / *halbindirekt*
Findet eine Probebeleuchtung statt? *nein*
wann? *———* mit Messungen? *———*

Beleuchtungsstärke: Welche <u>mittlere</u> — niedrigste Beleuchtungsstärke ist vorgeschrieben? *80* Lux
Allgemeine Vorschriften für die Beleuchtung: sehr reichlich — <u>reichlich</u> — normal — niedrig.
Soll die Beleuchtungsstärke abgestuft werden können? *nein* für welche Zwecke: *———*
In welchen Stufen: *———* Durch mehrflammige Armaturen — durch Schaltung?
(bei Verwendung gasgefüllter Lampen sind mehrflammige Armaturen nach Möglichkeit zu vermeiden!)

Anordnung der Beleuchtungskörper: (besondere Wünsche sind in die Zeichnung einzutragen)
Leitungsanschlussstellen sind: ausschliesslich — <u>möglichst zu verwenden</u> — noch nicht vorhanden.
Art der Leitungsverlegung: <u>In Rohr</u> — unter Putz — <u>über Putz</u>. Soll eine allgemeine Beleuchtung durch einzelne Lampen auf den Arbeitsplätzen unterstützt werden? *nein*. Steht die Lage der in den Grundriss eingezeichneten Arbeitsplätze endgültig fest? *ja*. Wie soll die Arbeitsplatzbeleuchtung einschaltbar sein? einzeln — in Gruppen — im Ganzen. Besondere Wünsche betr. Befestigung der Beleuchtungskörper: *keine*

Abmessungen des Raumes:
Länge .... *9,00* m
Breite .... *6,20* m
Lichte Höhe ...... *4,10* m
Höhe bis Unterzüge ... *3,90* m
Beschaffenheit der Decke: <u>glatt</u> — gewölbt — <u>mit Unterzügen</u>
2 mit Oberlicht *je 1,30* x *1,60* m (Lage einzeichnen)
Farbe der Decke: *weiß* (hell — ~~mittel~~ — dunkel)
Farbe der Wände: *graublau* (<u>hell</u> — mittel — dunkel)
Bemerkungen betr. Reinigung oder Weissen der Decke: *etwa alle 2 Jahre*
Es ist keine — <u>normale</u> — starke — sehr starke <u>Staub-</u> — Rauch- — Dampf- — Schmutz-Entwicklung vorhanden.

Sonderfragen für:

Fabrikräume:	Büros:	Läden:
Art der Arbeit:	Art der Arbeit: *Zeichnen (vorwiegend Pausen)*	Geschäftszweig:
Dachkonstruktion:	Wird viel mit Kopierstift geschrieben: *———*	Bauart des Schaufensters:
Trägerabstand: (Querschnitt des Daches einzeichnen)	Pulte sind <u>flach</u> *&* <u>schräg</u>.	(Querschnitt des Fensters einzeichnen)
Laufkran:	Schreibtische mit eingebauter Kartothek: *nein*	Rückwand des Schaufensters:
Transmissionen:	Müssen die Wände gut beleuchtet sein (z. B. für Registratur und Musterschränke, Kartotheken): *ja*	Vorwiegender Charakter der Ausstellung im Schaufenster:
Lichte Höhe mit Rücksicht auf Montage oder Materialtransport: ...... m.	*Grundriß des Raumes umstehend*	Besondere Anforderungen an die Beleuchtung:
Armaturen müssen explosionssicher — wasserdicht — umsponnen sein.		
Besondere Anforderungen an die Beleuchtung:		

Raum für weitere Mitteilungen: *Auf Vermeidung der Blendung und auf weiche Schatten wird besonderer Wert gelegt. Beleuchtungsanlage soll bis zum 1. Oktober betriebsbereit sein.*

Bitte wenden!

Zur Vermeidung von Rückfragen und Verzögerungen beachte man die Bemerkungen auf der Rückseite.

Heftrand

Nachdruck verboten! Fragebogen werden auf Wunsch kostenlos zugesandt. Verwendung nur im Verkehr mit Dr. Ing. Schneider & Co. gestattet.

Abb. 111.
Fragebogenbogen für Beleuchtungsanlagen.

Man übersieht oft, daß bei Beleuchtungsanlagen die gute künstliche Beleuchtung Endzweck ist, und daß die Leitungsanlage nur ein Mittel zu diesem Zweck ist und nicht die Hauptsache. Dementsprechend sollte man nicht

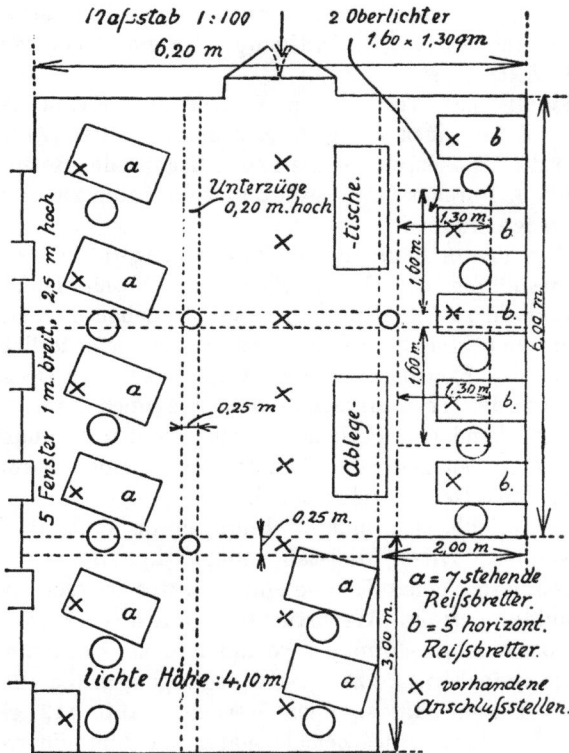

Abb. 112.
Skizze eines Zeichensaals.

zuerst die Leitungsanlage entwerfen oder gar ausführen und erst nachher »geeignete« Beleuchtungskörper aussuchen, bzw. die Größe der Glühlampen »ausprobieren«, sondern man muß zuerst die Beleuchtung projektieren und dann die Leitungsanlage.

Man mache es sich bei der Projektierung von Beleuchtungsanlagen zur Regel, alle Unterlagen vorher zusammen-
zustellen. Sonst stößt man beim Projektieren auf die eine
oder andere Frage, über die man erst Klarheit schaffen
muß, z. B. »wie verlaufen die Unterzüge an der Decke?«
oder »welche Transmissionen liegen in diesem Raume?« Diese
bedingen eine erneute Besichtigung oder eine Rückfrage und
dadurch Zeitverlust.

Deshalb hat Verfasser z. B. für die Firma Dr.-Ing.
Schneider & Co. einen Fragebogen ausgearbeitet (Abb. 111),
mit dem die Unterlagen für die Projektierung der Beleuchtung
in Fabriken, Bureaus usw. rasch und vollständig zusammengestellt werden können.

Bei größeren Räumen sind Zeichnungen für eine deut-
liche Vorstellung der Größe, Form und Beschaffenheit des
Raumes kaum zu entbehren, und zwar ist neben dem Grund-
riß ein charakteristischer Querschnitt erforderlich, aus
dem man die Konstruktion des Daches bzw. der Decke, die
Anordnung der Transmissionen usw. erkennen kann. Wenn
Unterzüge, Binder, Oberlichter nicht in den Grundriß des
Raumes eingezeichnet sind, benötigt man einen besonderen
Grundriß des Daches oder der Decke.

Es empfiehlt sich, nur Zeichnungen im Maßstab 1 : 100
zu verwenden. Dieser Maßstab genügt zum Einzeichnen der
Lichtquellen in kleinere Räume und gestattet andererseits noch
die Abbildung großer Werkstätten auf einem Blatt.

Sind keine Zeichnungen vorhanden, so kann man sich
mit einer einfachen Skizze 1 : 100 begnügen, in die alle erforderlichen Daten aufgenommen werden. Abb. 112 gibt als
Beispiel die Skizze eines Zeichensaales, zu dem die weiteren
Angaben in Abb. 111 enthalten sind. Abb. 111 und 112 geben
somit zusammen die vollständigen Unterlagen für die Projektierung der Beleuchtung eines Zeichensaals.

§ 44. Die Ermittlung des Lichtbedarfs.

Nachdem man die mittlere Beleuchtungsstärke der auszuführenden Arbeit entsprechend angenommen (vergl. § 30)
und das Beleuchtungssystem gewählt hat, ist der Lichtbedarf

zu ermitteln: Welcher L i c h t s t r o m muß von den Lichtquellen erzeugt werden, um bei Verwendung der ausgewählten
Armaturen (Zubehörteile) in einem Raum von einer bestimmten
Größe und Beschaffenheit die beabsichtigte Beleuchtungsstärke zu liefern?

Es gibt zahlreiche Verfahren, um diese Aufgabe mit
größerer oder geringerer Genauigkeit zu lösen. Sie lassen sich
in 3 Gruppen einteilen:

    a) Faustregeln,
    b) Punktmethoden,
    c) Lichtstrommethoden.

In den F a u s t r e g e l n wird gewöhnlich die Anzahl der
»Kerzen« pro qm Bodenfläche (oder bisweilen sogar pro cbm
Rauminhalt) für verschiedenartige Räume angegeben, z. B. für

Zeichensäle . . . . 8—15 HK/qm
Bureaus . . . . 5— 6   »
Werkstätten . . . . 3— 4   »   usw.,

während bei Bogenlampen in älteren Handbüchern häufig
die Anzahl qm mitgeteilt wird, die von e i n e r Lampe beleuchtet werden kann.

An die Genauigkeit der mit derartigen Faustregeln be-
rechneten Werte des Lichtbedarfs darf man nur s e h r geringe
Ansprüche stellen. Weiß man doch gewöhnlich nicht, für
welche besonderen Verhältnisse die Faustregeln aufgestellt
wurden, welche Beleuchtungstärke und welche Beleuchtungsart ihnen zu Grunde lag. Die Regeln stammen vielleicht
aus einer Zeit, in der man 10—15 Lux noch als genügende
Beleuchtung für Fabriken ansah. Außerdem kann man infolge der verschiedenartigen Bezeichnung der Glühlampen
in den letzten Jahren (§ 19) nicht wissen, ob die Lichtstärke
horizontal oder als mittlere räumliche Lichtstärke gemeint
ist. Da im ersten Fall 1 HK = 10 Lumen, im zweiten aber
12,5 Lumen ist, entsteht hierdurch eine weitere Unsicherheit
in den Ergebnissen. Schließlich bergen Faustregeln hier
wie auf anderen Gebieten stets die Gefahr in sich, daß die
Berechnung zu einer oberflächlichen, rein mechanischen Arbeit
wird, bei der man sich über das Wie und Warum keine Ge-

danken mehr macht, so daß etwaige Fehler überhaupt nicht auffallen. Wenn wir infolgedessen von der Verwendung dieser Faustregeln entschieden abraten und die obigen Beispiele nur deshalb anführten, um ihre Unzulänglichkeitt zu erläutern, so werden wir dafür später in der »Wirkungsgradmethode« eine Art der Beleuchtungsberechnung kennen lernen, welche einfach und leicht verständlich ist und trotzdem auf technisch richtiger Grundlage beruht.

Bei der Punktmethode der Beleuchtungsberechnung verwendet man das quadratische Entfernungsgesetz unter Berücksichtigung des Einfallswinkels (§ 11), um für eine Reihe von Punkten auf dem Fußboden oder einer Ebene in 1 m über dem Boden die Stärke der Beleuchtung zu berechnen. Als Mittelwert aus diesen Ergebnissen erhält man, falls die Punkte gleichmäßig verteilt waren, die mittlere Beleuchtungsstärke. Diese Methode erfordert einen ziemlichen Aufwand an Rechenarbeit, der noch wesentlich vergrößert wird, wenn die Beleuchtung durch mehrere Lichtquellen erfolgt, die alle bei der Berechnung berücksichtigt werden müssen. Um die Berechnung abzukürzen, nimmt man dann zuweilen »Vereinfachungen« vor, z. B. indem man den Einfallswinkel des Lichtes (bzw. cos α) nicht berücksichtigt, oder indem man annimmt, daß die Lichtstärke der Lichtquellen sich nicht mit dem Winkel α ändert, sondern nach allen Richtungen gleich ist. Es kommt auch vor, daß nur eine Beleuchtungskurve berechnet wird, die durch die Mitte des Raumes verläuft und aus der man den Mittelwert bestimmt. Solche Vereinfachungen sind unzulässig, da sie grundsätzliche Fehler in die Berechnung bringen.

Die Punktmethode ermittelt nur die direkte Beleuchtung und zwar unter der Voraussetzung, daß die Lichtquellen punktförmig sind oder so gedacht werden können. Man kann daher die Reflexion des Lichtes an den Wänden und an der Decke bei ihr nur schätzungsweise berücksichtigen. Für die halbindirekte Beleuchtung ist daher der Wert der Punktmethode sehr zweifelhaft, während die Berechnung der indirekten Beleuchtung mittels des quadratischen Entfernungsgesetzes vollends unsinnig ist (vgl. S. 101).

Gegenwärtig hat die Punktmethode in der Hauptsache nur noch für die Berechnung der Beleuchtung langgestreckter Straßen (Streckenbeleuchtung) Wert. Die Lichtstrommethoden haben in allen anderen Fällen den Vorteil, bedeutend einfacher zu sein, und dabei ein für praktische Zwecke genügend genaues Ergebnis zu liefern.

Diese Lichtstrommethoden gehen sämtlich von der in § 10 erwähnten Beziehung

$$\varPhi = E \cdot F$$

aus, d. h.: wir erhalten den Lichtstrom (in Lumen), der erforderlich ist, um eine Fläche F (qm) mit der Stärke E (Lux) zu beleuchten, indem wir die Fläche mit der Beleuchtungsstärke multiplizieren.

Zeidler, Bloch und Högner haben genaue Berechnungsmethoden angegeben, nebst einer Reihe hierzu erforderlicher Tabellen[47]). Etwas weniger genau, aber dafür rascher und ohne besondere Hilfsmittel durchführbar, ist die Wirkungsgradmethode, die deshalb eingehender behandelt werden soll.

Der Lichtstrom, den wir als Produkt aus Fläche und Beleuchtung ermitteln, ist ein Netto-Lichtstrom. Es wird niemals genügen, wenn dieser Lichtstrom von den Lichtquellen erzeugt wird; diese müssen vielmehr aus folgenden Gründen einen größeren Lichtstrom (Brutto-Lichtstrom) liefern:

1. Ein Teil des Lichtstroms geht verloren, wenn das Licht von einem Reflektor zurückgeworfen wird oder durch eine Glocke hindurchgeht.

2. Ein Teil des nach diesen Verlusten in den Raum ausgestrahlten Lichtstroms fällt nicht unmittelbar auf die zu beleuchtende Ebene, sondern trifft auf die Decke und die Wände. Von diesem Lichtstrom fällt, für soweit er reflektiert wird, wieder nur ein Teil auf die Arbeitsfläche.

Das Verhältnis des Lichtstroms, der direkt und nach der Reflexion an Decke und Wände auf die zu beleuchtende Ebene fällt (ausgenutzter Lichtstrom), zu dem ursprünglich von den Lichtquellen erzeugten Lichtstrom sei als Wirkungsgrad (η) der Beleuchtungsanlage bezeichnet:

$$\text{Wirkungsgrad} = \frac{\text{Ausgenutzter Lichtstrom}}{\text{Erzeugter Lichtstrom}}.$$

Der eingangs als Lichtbedarf bezeichnete Brutto-Lichtstrom ist dann

$$\Phi = \frac{E \cdot F}{\eta}$$

Dieser muß von den Lichtquellen erzeugt werden.

Da wir bei den Beleuchtungsberechnungen von einer mittleren Beleuchtungsstärke E ausgehen, und außerdem die Grundfläche F gegeben ist, brauchen wir nur noch den Wirkungsgrad η zu kennen.

Zunächst seien einige Angaben aus der Literatur über Wirkungsgrade zusammengestellt.

Es war früher, als die Wirtschaftlichkeit eine wichtige Rolle in dem Kampf zwischen den verschiedenen elektrischen Lichtquellen spielte, üblich, den Verbrauch (in Watt) pro Lux und qm anzugeben. Da 1 Lux auf 1 qm einen Lichtstrom von 1 Lumen darstellt, kann man auch sagen, daß der Verbrauch in Watt pro Lumen (Netto-Lichtstrom) angegeben wurde. Nimmt man den reziproken Wert dieser Größe, also die Lumen (Netto-Lichtstrom) pro Watt, und dividiert man diese durch die spez. Lichtausbeute (Lm/Watt) der eigentlichen Lichtquellen, so erhält man den Wirkungsgrad.

So gibt Bloch[48]) für die Innenbeleuchtung durch Kohlenfadenlampen 0,5—1,2 Watt pro Lux und qm, durch Metallfadenglühlampen 0,15—0,4 Watt pro Lux und qm an. Unter Benutzung der in Tabelle 10 auf S. 58 genannten Werte für die Lumen pro Watt dieser Lichtquellen ergibt sich $\eta =$ 25—60 %. Dieser weite Bereich des Wirkungsgrades erklärt sich durch das Fehlen jeder näheren Angabe über die Art der Beleuchtung und die Beschaffenheit des Raumes.

Aus den von Monasch veröffentlichten Versuchen über indirekte Beleuchtung mit Wolframlampen[49]) ergeben sich als Mittelwerte für:

Indirekte Beleuchtung . . . . $\eta = 40 \%$
Halbindirekte Beleuchtung . . . . . $\eta = 45 \%$
Direkte Beleuchtung (Armatur mit mattierter
Glocke) . . . . $\eta = 50 \%$.

Die Messungen wurden in einem Raum von 3,25 m Höhe ausgeführt, dessen Wände bis zur halben Höhe graublau gestrichen waren. Der obere Teil der Wände, sowie die Decke waren gelblichweiß. Es war also das typische Beispiel eines Bureaus oder Zeichensaales.

Clewell[50]) hat für eine große Anzahl von Fabrikräumen die Wirkungsgrade gemessen. Tab. 19 auf S. 175 enthält in der letzten Zeile die Wirkungsgrade für reine Glühlampen und reine Reflektoren bei direkter Beleuchtung mit Reflektoren. Für Bureauräume fand er $\eta = 25—38\%$, (im Durchschnitt $\eta = 33\%$). Für Fabrikräume $\eta = 22—41\%$ (im Durchschnitt $\eta = 30\%$).

Harrison und Anderson[51]) haben sehr eingehende Versuche angestellt, indem sie den Einfluß folgender Faktoren auf den Wirkungsgrad der Beleuchtungsanlagen untersuchten:

1. Lichtverteilung der Lichtquellen (nackt, direkte Beleuchtung mit Reflektor, indirekte Beleuchtung),

2 Anordnung und Zahl der Lichtquellen,

3 Höhe des Raumes,

4. Verhältnis der Länge zur Breite,

5. Reflexionsvermögen der Decke,

6. Reflexionsvermögen der Wände,

7. Reflexionsvermögen des Fußbodens.

Abb. 113 gibt die Wirkungsgrade für einen Raum von 4,00 m × 8,00 m und 3,65 m Höhe wieder, in Abhängigkeit von dem Reflexionsvermögen der Decke. Das Reflexionsvermögen der Wände war 4,3; 42,5 und 81%.

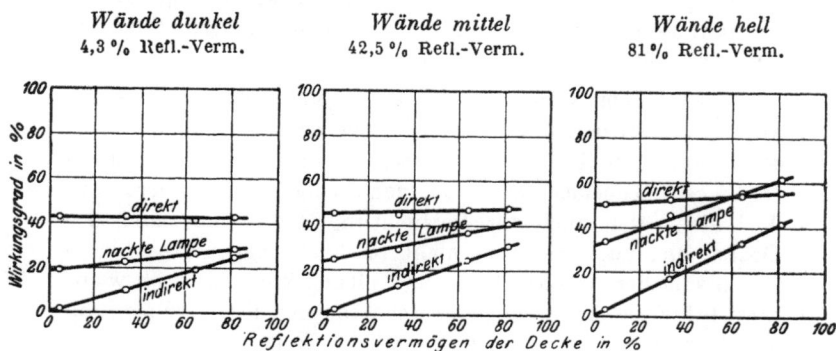

Abb. 113.

Bei der indirekten Beleuchtung erweist sich, wie zu
erwarten ist, der Wirkungsgrad als proportional dem
Reflexionsvermögen der Decke. Mit den niedrigen Wirkungsgraden, die infolgedessen bei den Kurven für indirekte Beleuchtung auftreten (0—25%), braucht man in der Praxis
nicht zu rechnen, da man die indirekte Beleuchtung nur
dann verwenden wird, wenn die Decke weiß ist und die
Wände mindestens von heller Farbe sind.

Auf den Wirkungsgrad bei direkter Beleuchtung üben
die Wände nur geringen Einfluß aus.

Die Beleuchtung durch nackte Lampen wird man praktisch nicht ausführen, sie ist bei diesen Versuchen nur als
ein Beispiel für Lichtquellen mit einer nach oben und unten
gleichen Lichtverteilung aufgenommen. Bei weißen Wänden
und weißer Decke wird hier ein größter Wirkungsgrad von
60% erreicht. Man muß jedoch berücksichtigen, daß man
die nackte Glühlampe in der Praxis mit einer lichtstreuenden
Glocke umgeben wird, um die Blendung zu vermeiden. Sämtliche Wirkungsgrade für die nackte Lampe werden hierdurch
um 15—25 % ihres Wertes geringer. Dagegen schließen die
angegebenen Wirkungsgrade für die direkte und indirekte Beleuchtung die Verluste im Reflektor schon ein.

Die Wirkungsgrade, mit denen man unter normalen Verhältnissen zu rechnen hat, liegen zwischen 25 und 50 %.
Wirkungsgrade über 50% können unter besonders günstigen
Verhältnissen auftreten, dürfen aber nicht die Grundlage für
eine vorsichtige Berechnung bilden.

Aus einem Wirkungsgrad unter 50 % darf man nicht
auf einen Verlust von über 50% des erzeugten Lichtstroms
schließen. Ein Teil des Lichtstroms wird von den Reflektoren oder Glocken und von den Wänden absorbiert, ein
Teil dient aber auch zur Beleuchtung der Wände und der
Decke, die, auch wenn sie nicht in dem ausgenutzten Lichtstrom auf der Arbeitsfläche zur Geltung kommt, doch wichtig ist für die Aufhellung der Schatten und die Verringerung
der Kontraste, welche die künstliche Beleuchtung für das
Auge weniger ermüdend machen.

Auf Grund dieser und anderer in der Literatur veröffentlichten Beleuchtungsmessungen an ausgeführten Anlagen und eigener Versuche hat der Verfasser folgende Wirkungsgrade für die Projektierung einfacher Beleuchtungsanlagen aufgestellt:

Tabelle 15.

Art des Raumes	Beleuchtung	Wirkungsgrad
Räume mit weißer Decke und hellen Wänden	halbindirekt oder direkt mit lichtstreuender Glocke;	45—50%
do.	indirekt	35—40%
Werkstätten mit reflektierender Decke	direkt mit Reflektoren	30—35%
do.	halbindirekt	30%
Werkstätten ohne reflektierende Decke	direkt mit lichtstreuenden Glocken	25—30%
Schmieden, Gießereien	do.	15—20%

Diese Tabelle kann natürlich nur für normale Verhältnisse der Raumhöhe, Aufhängehöhe usw. gelten. Auch die Beschaffenheit der Armaturen der Lichtquellen übt einen Einfluß aus, da deren Lichtverluste bei den Wirkungsgraden mit berücksichtigt sind. Daß die Aufhängehöhe, die bei Verwendung des quadratischen Entfernungsgesetzes eine große Rolle spielt, hier nicht besonders berücksichtigt wird, liegt darin begründet, daß ihr Einfluß viel geringer ist, als gewöhnlich angenommen wird (vergl. § 31). Solange man sich innerhalb der üblichen Grenzen bewegt, kann der Einfluß der Aufhängehöhe auf den Wirkungsgrad vernachlässigt werden.

Für Räume, die besonders hoch oder schmal sind, für Werkstätten mit eingebauten Galerien, für abweichende Formen der Armaturen und dergleichen können die oben genannten Wirkungsgrade natürlich nicht ohne weiteres benutzt werden.

Diese Fälle dürfen auch nicht mehr zu den einfachen Beleuchtungsanlagen gerechnet werden, auf deren Projektierung der Techniker, der nicht täglich mit diesen Sachen zu tun hat, sich beschränken wird.

Nachdem man mittels der Wirkungsgradmethode den erforderlichen Lichtstrom berechnet hat, muß man die Zahl und die Größe der Glühlampen ermitteln. Für soweit Vakuum-Metalldrahtlampen zur Verwendung gelangen, die noch nach der horizontalen Lichtstärke bezeichnet werden (S. 59), dividiert man die ermittelte Zahl der Lumen durch 10, um die totale »Lichtstärke« der Glühlampen zu erhalten. Die Zahl der Glühlampen hat sich gewöhnlich schon vorher aus der Anordnung der Lampen, der Einteilung des Raumes und der gegenseitigen Entfernung der Lichtquellen ergeben, so daß sich die »Lichtstärke« der einzelnen Lampen als Quotient aus der gesamten Lichtstärke und der Anzahl der Lampen ergibt. Die auf diese Weise gefundene Lichtstärke stimmt gewöhnlich nicht genau mit einer der normalen Glühlampengrößen überein. Durch Änderung der Lampenzahl oder der Beleuchtungsstärke, von der man ausgegangen ist, sowie durch

Tabelle 16*).

Watt	AEG, Auer, Siemens		Bergmann		Watt	Philips		Pintsch	
	100 bis 130 V	200 bis 230 V	100 bis 130 V	200 bis 230 V		100 bis 130 V	200 bis 230 V	100 bis 130 V	200 bis 230 V
	Lm.	Lm.	Lm.	Lm.		Lm.	Lm.	Lm.	Lm.
40	465	—	450	—	40	475	—	450	—
60	780	—	755	—	60	790	—	755	—
75	1 030	850	1 065	750	75	1 065	870	1 065	815
100	1 500	1 250	1 550	1 200	100	1 500	1 250	1 380	1 200
150	2 500	2 150	2 640	2 000	150	2 400	2 150	2 200	1 950
200	3 450	5 150	3 230	2 750	200	3 640	3 150	3 230	2 750
300	5 650	3 000	5 400	4 450	300	5 700	5 300	5 000	4 450
500	10 000	9 400	9 400	7 900	500	10 000	9 200	9 000	8 400
750	15 000	14 500	14 700	12 500	750	15 500	14 700	13 500	13 000
1000	20 700	19 500	20 600	18 000	1000	21 000	20 000	17 800	18 000
1500	32 600	30 000	34 000	29 000	1500	32 000	30 700	29 000	29 000

*) Nach dem Stande vom 1. April 1918.

abwechselnde Verwendung zweier aufeinanderfolgender Glühlampengrößen kann man den Unterschied ansgleichen.

Bei Gasfüllungslampen, deren Größe in Watt angegeben wird, ist es nicht möglich, die erforderliche elektrische
Arbeit in Watt aus dem gesamten Lichtstrom in Lumen ab-
zuleiten, da das Verhältnis Lumen/Watt je nach der Größe
der Gasfüllungslampen sehr verschieden ist (siehe Tab. 10).

In der Tab. 16 ist der Lichtstrom der Gasfüllungslampen verschiedener Fabrikate (AEG-Nitra; Auer-Azo;
Siemens-Wotan-G; Bergmann-Sparwatt; Philips-Arga und
Pintsch-Atlanta) für zwei Spannungsbereiche: 100—130 und
200—230 Volt angegeben.

Wenn über das zur Verwendung kommende Lampen-
fabrikat zur Zeit der Projektierung noch keine Entscheidung
getroffen ist, kann man für die Berechnung die abgerun-
deten Werte des Lichtstroms aus Tab. 17 verwenden:

Tabelle 17.

Lampen mit normaler Edisonfassung			Lampen mit Goliathfassung		
Watt	100 130 V	200—230 V	Watt	100—130 V	200—230 V
	Lumen	Lumen		Lumen	Lumen
40	450	—	300	5 600	5 000
60	750	—	500	10 000	9 200
75	1050	850	750	15 000	14 000
100	1500	1250	1000	21 000	19 000
150	2500	2100	1500	32 000	30 000
200	3500	3000			

Mit Rücksicht auf die geringe spezifische Lichtausbeute
der kleineren Gasfüllungslampen versuche man beim Projektieren die Lichtquellen nicht weiter zu unterteilen
als unbedingt erforderlich.

Halbertsma, Fabrikbeleuchtung.　　　　11

§ 45. Berechnungsbeispiele.

a) Ein Raum von $5\,m \times 5\,m$ und $3,2\,m$ Höhe, der für Zeichenarbeiten gebraucht wird, ist zu beleuchten. Der obere Teil der Wände und die Decke sind weiß. Netzspannung 220 Volt.

Wir wählen indirekte Beleuchtung in einer Stärke von 80 Lux. Nach Tab. 15 auf S. 159 können wir $\eta = 40\,\%$ nehmen. Dann ist der zu erzeugende Lichtstrom

$$\Phi = \frac{25\,\text{qm} \times 80\,\text{Lux}}{0,40} = 5000\ \text{Lumen.}$$

Aus Tab. 17 ergibt sich, daß bei 200—230 V eine Gasfüllungslampe von 300 Watt 5000 Lm liefert. Die Armatur für indirekte Beleuchtung wird in die Mitte des Raumes aufgehängt und zwar wegen der geringen Raumhöhe (3,2 m) so tief als möglich (bis auf 2,2 m ab Fußboden), damit ein großer Teil der Decke beleuchtet wird, und das reflektierte Licht nicht in der Hauptsache von einer kleinen Fläche in der Mitte der Decke ausgeht. Die Fassung ist so einzustellen, daß die Glühlampe nicht zu tief in dem Reflektor hängt.

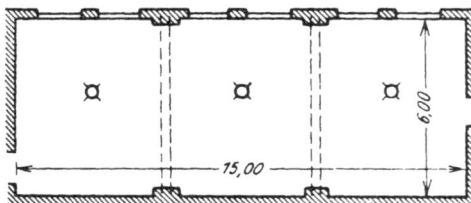

Abb. 114.
Grundriß eines Bureauraumes.

b) Der Bureauraum nach Abb. 114 ist mit etwa 60 Lux halbindirekt zu beleuchten. Raumhöhe 3,0 m, Unterzüge 0,3 m tief, Netzspannung 120 Volt.

Die Grundfläche ist $6 \times 15 = 90$ qm, der Lichtstrom, der zur Beleuchtung ausgenutzt wird, 90 qm $\times$ 60 Lux $=$ 5400 Lm. Der Wirkungsgrad wird zu 50% angenommen, so daß $\dfrac{5400}{0,50} = 10800$ Lumen erzeugt werden müssen.

Nach Tab. 17 liefern bei 100—130 Volt
3 Lampen zu 200 Watt 3 × 3500 Lm = 10500 Lm
2 » » 300 » 2 × 5600 » = 11200 Lm.

Mit Rücksicht auf die geringere Deckenhöhe wählen wir
eine Armatur niedriger Bauart (z. B. nach Abb. 37). Von
der Verwendung von 2 Lampen zu 300 Watt sehen wir ab,
da diese in die Mitte der beiden Unterzüge angebracht werden
müßten, um ein dunkles Mittelfeld der Decke zu vermeiden.
Die Armaturen, die bei 300 Watt schon eine Bauhöhe von
etwa 0,5 m haben, kämen sodann mit ihrer Unterkante bis
auf 3,0—0,3—0,5 = 2,2 m zu hängen. Außerdem würde die
Beleuchtung an den beiden Enden des Raumes bei dieser Anordnung viel geringer sein als in der Mitte. Die Verwendung

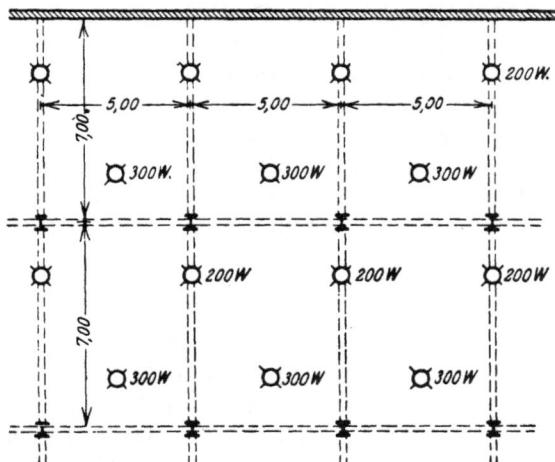

Abb. 115.
Grundriß eines Shedbaues.

von 3 Lampen zu 200 Watt, die in die Mitte der 3 Deckenfelder zu hängen kommen und eine gleichmäßige Beleuchtung liefern, verdient daher den Vorzug.

c) In einem Shedbau (Querschnitt in Abb. 62) befindet
sich eine Weberei dunkler Stoffe. Ein Stück des Grundrisses mit einer Seitenwand ist in Abb. 115 gegeben. Die

11*

Netzspannung ist 220 Volt, es sollen Gasfüllungslampen der AEG (Nitralampen) benutzt worden.

Bei großen Räumen, in denen sich die Anordnung der Lichtquellen wiederholt, kann man sich auf die Berechnung für eine Raumeinheit beschränken. Beim vorliegenden Shedbau wählen wir als Einheit ein von 4 Säulen begrenztes Rechteck mit $5 \times 7 = 35$ qm. Nach S. 100 nehmen wir eine Beleuchtungsstärke von 80 Lux an, nach Tab. 15 einen Wirkungsgrad von 30%.

Dann ist

$$\Phi = \frac{35 \text{ qm} \times 80 \text{ Lux}}{0,30} = 9330 \text{ Lumen.}$$

Nach Tab. 16 hat die 500-Wattlampe der AEG bei 200—230 Volt 9400 Lumen. Es käme also somit eine Lampe in jedes Feld, mit gegenseitigen Entfernungen von 5—7 m. Die größte Aufhängehöhe wäre 5 m über dem Fußboden und 4 m über der Meßebene. Mit Rücksicht auf die Bauart der Webstühle, durch die wichtige Teile leicht beschattet werden, ist es im vorliegenden Fall zweckmäßig, kleinere Lampen zu verwenden und dafür deren Zahl z. B. zu verdoppeln.

Wir können in jedes Feld zwei Lampen zu 300 Watt anbringen, die insgesamt 10000 Lumen liefern. Die Beleuchtung wird hierdurch

$$\frac{10000}{9330} \times 80 = 85 \text{ Lux.}$$

Die Anordnung der Lampen erfolgt nach Abb. 115. Die Hälfte der Lampen kommt hierbei auf die Grenze zwischen zwei Felder zu liegen. In solchen Fällen zieht man den Lichtstrom der Lampe nur zur Hälfte für das betreffende Feld in Rechnung, während man nur mit $1/4$ des Lichtstroms rechnet, wenn die Lampe in eine Ecke des Feldes fällt.

Infolge der Aufstellung der Maschinen kann es zulässig sein, jede zweite Lampenreihe mit kleineren Lampen zu versehen. Es kommen dann auf jedes Feld 1×300 Watt (5000 Lumen) und 1×200 Watt (3150 Lumen) (Abb. 115), zusammen 8150 Lumen, woraus sich als mittlere Beleuchtungsstärke $\frac{8150}{9330} \times 80 = 70$ Lux ergibt.

Kapitel XIII.

Vorschriften und Leitsätze.

§ 46. Gesetzliche Vorschriften für Fabrikbeleuchtung.

Die Gesetze der meisten Kulturstaaten enthalten Vorschriften über die Beschaffenheit und Einrichtung der Werkstätten. Diese Fabrik- und Gewerbegesetze behandeln, soweit sie älteren Datums sind, sowohl die künstliche als die natürliche Beleuchtung nur oberflächlich. So enthält der aus dem Jahre 1879 stammende § 120a der »Gewerbeordnung für das Deutsche Reich« nur die Bestimmung: »Insbesondere ist für genügendes Licht zu sorgen«. Was unter »genügendes Licht« zu verstehen ist, wird nicht näher erläutert. Die Entscheidung hierüber bleibt daher den Gewerbeaufsichtsbeamten überlassen, die nur in seltenen Fällen sachverständig genug in der Lichttechnik sind, um eine Entscheidung über die Frage zu treffen, welche Beleuchtung als genügend angesehen werden kann und in welcher Richtung Verbesserungen vorzunehmen sind. Sogar die Nachprüfung der Beleuchtungsstärke in den Werkstätten durch tragbare Photometer wäre nur von geringem Nutzen, solange keine Mindestwerte vorgeschrieben sind, auf Grund deren eine ungenügende Beleuchtung beanstandet werden kann.

Neben der obenerwähnten allgemein gehaltenen Bestimmung der Gewerbeordnung wird eine genügende Beleuchtung gefordert in einer Reihe von Verordnungen für Setzereien (1897), Tabak- und Zigarrenfabriken (1907), Zelluloidfabriken (1910) und Räume, in denen kohlensäurehaltige Getränke hergestellt werden (1911). Aber auch dort ist nur ohne nähere Umschreibung von einer genügenden Beleuchtung schlechthin die Rede.

In den meisten anderen Staaten unterscheiden sich die Vorschriften für die Beleuchtung gewerblicher Betriebe nicht wesentlich von den oben angeführten deutschen Bestimmungen. Insbesondere gilt dieses von Italien (1899), Norwegen (1909), Schweden (1912) und Österreich (1913). In Dänemark ist man über den unbestimmten Ausdruck der »genügenden Beleuchtung« hinausgegangen, indem auch die »richtige Anbringung« der Lichtquellen gefordert wird, eine Bestimmung, die den Behörden z. B. gestattet, nackte Lichtquellen im Gesichtsfelde, weil falsch angeordnet, auch dann noch zu beanstanden, wenn die Beleuchtungsstärke an sich genügt.

In Belgien verfügte ein Königlicher Erlaß im Jahr 1905, daß die Beleuchtung (zeitlich) gleichmäßig und genügend sein soll, und daß die Arbeiter gegen eine übermäßige Wärmestrahlung der Lichtquellen zu schützen sind. Die Beleuchtung muß genügen, um Maschinen, Transmissionen und andere gefährliche Vorrichtungen deutlich unterscheiden zu können. Alle Plätze, wo gearbeitet wird, oder Arbeiter vorübergehen, sollen hinreichend beleuchtet sein, um gefährliche Stellen leicht zu erkennen.

Im übrigen fällt in den belgischen und französischen Vorschriften (1911) die Ausführlichkeit auf, mit der die Feuersgefahr der Lichtquellen mit gasförmigen und flüssigen Brennstoffen behandelt wird.

Das niederländische Arbeiterschutzgesetz von 1895 enthält trotz seines Alters schon genaue Vorschriften über Mindestbeleuchtungsstärke in verschiedenen Betrieben. In Diamantschleifereien, Setzereien, Nähstuben, Zeichensälen, Uhrmacherwerkstätten, feinmechanischen Werkstätten usw. soll die Beleuchtungsstärke mindestens 15 Lux betragen, in anderen Werkstätten 10 Lux. In dem Arbeitergesetz von 1911 wurden diese Werte für jugendliche und weibliche Arbeitskräfte auf 30 bzw. 20 Lux erhöht. Der bekannte Augenarzt Snellen, der sich an den Vorarbeiten zu diesem Gesetz beteiligte, hat wiederholt betont, daß diese Zahlen nur Mindestwerte darstellen. und daß für die dauernde Erhaltung größter

Sehschärfe und für die geringste Ermüdung des Auges wesentlich höhere Beleuchtungsstärken erforderlich sind.

§ 47. Die Vorarbeiten für ein englisches Fabrikbeleuchtungsgesetz.

Im Jahre 1913 wurde in England vom Minister des Innern ein Ausschuß ernannt, um die Vorarbeiten für ein Gesetz über die Beleuchtung in Fabriken und Werkstätten durchzuführen. Der Ausschuß, dem das Recht zusteht, Zeugen und Sachverständige zu vernehmen und der in zahlreichen Fabriken praktische Messungen durchgeführt hat, steht unter dem Vorsitz des Direktors des National Physical Laboratory, das bekanntlich der Physikalisch-Technischen Reichsanstalt entspricht. Der im Jahre 1915 erschienene erste Bericht dieses Ausschusses[52]) enthält folgende Leitsätze für Fabrikbeleuchtung:

»Die Beleuchtung ist genügend und zweckmäßig, wenn die Arbeit, was Güte und Menge betrifft, richtig ausgeführt werden kann, und wenn die Beleuchtungsverhältnisse weder die Gesundheit noch die Sicherheit des Arbeiters gefährden und das Sehen nicht erschweren. Die Beleuchtung soll nicht nur in Bezug auf die Stärke genügen, sondern muß auch hinreichend gleichmäßig über die Arbeitsplätze verteilt sein und keine schädlichen oder störenden Schwankungen aufweisen. Die Lichtquellen sind so anzuordnen, daß ihre Strahlen nicht unmittelbar das Auge des Arbeiters treffen, wenn dieser arbeitet, oder wenn er in horizontaler Richtung in die Werkstätte blickt. Bei der Anordnung der Lichtquellen ist ferner darauf zu achten, daß keine störenden oder irreführenden Schatten auf die Arbeit geworfen werden.«

Für die Stärke der Beleuchtung macht der Bericht folgende Vorschläge:

»In den Teilen der Werkstätten, wo ständig gearbeitet wird, soll die Beleuchtung auf dem Fußboden an keiner Stelle weniger als 3 Lux betragen. Auf die für die eigentliche Arbeit erforderliche weitaus stärkere Beleuchtung bezieht sich diese Vorschrift nicht.

In den Teilen von Gießereien, in denen gearbeitet wird oder die von Arbeitern begangen werden, soll die Beleuchtung auf dem Fußboden an keiner Stelle weniger als 5 Lux betragen.

In jenen Teilen der Werkstätten, in denen zwar nicht ständig gearbeitet wird, die aber von Arbeitern betreten werden, soll die Beleuchtung an keiner Stelle weniger als 1,2 Lux betragen.

Auf allen unbebauten Fabrikplätzen, wo Arbeiter während der Dunkelheit beschäftigt sind, und an allen gefährlichen Stellen der Zufahrtswege zu den Arbeitsstätten soll die Beleuchtung nicht geringer als 0,6 Lux sein. In besonderen Fällen können Ausnahmen von diesen Vorschriften gestattet werden.«

Als letzte Bestimmung wird vorgeschlagen, daß alle Fenster in den Fabrikräumen sowohl auf der Innenseite als auf der Außenseite rein gehalten werden sollen.

Die in den erwähnten Vorschlägen genannten Werte der Beleuchtungsstärke sind deshalb so niedrig, weil es sich nicht um einen Mindestwert der mittleren Beleuchtungsstärke handelt, sondern um die in dem betreffenden Raume überhaupt beobachtete geringste Beleuchtungsstärke. Der Ausschuß ging von der Erwägung aus, daß die Ungleichmäßigkeit der künstlichen Beleuchtungsanlagen von selbst einen höheren Wert der mittleren Beleuchtungsstärke ergibt. Außerdem wurde Wert darauf gelegt, daß das geforderte Minimum der Beleuchtungsstärke so ist, daß es ohne besondere Härten in jedem Betrieb eingehalten werden kann.

§ 48. Der amerikanische „Code of lighting".

Die Amerikanische Beleuchtungstechnische Gesellschaft hat im Jahre 1915 in Form eines »Code of lighting«[53]) ebenfalls ausführliche und wegen der beigefügten Erläuterungen bemerkenswerte Vorschriften für die Beleuchtung von Fabriken herausgegeben, die seitdem in mehren Staten die Grundlage für die Gesetzgebung gebildet haben. Sie sind nachstehend im Auszug wiedergegeben:

1. Alle neu zu errichtenden Fabriken müssen eine genügende Fensterfläche aufweisen. Lichtstreuende oder lichtbrechende Fensterscheiben, sowie Vorhänge und Markisen sind nach Bedarf anzuwenden, um die natürliche Beleuchtung der Innenräume zu verbessern, bzw. um das Auge gegen Blendung zu schützen. Fenster und Oberlichter müssen so bemessen werden, daß an der dunkelsten Stelle der Werkstätte bei normaler Tagesbeleuchtung mindestens der dreifache Wert der unter 5) für die betreffende Arbeit vorgeschriebenen Beleuchtung vorhanden ist.

2. Alte Gebäude mit ungenügender Fensterfläche müssen mit ausreichender künstlicher Beleuchtung versehen sein, die den Forderungen der folgenden Absätze entspricht, damit während der Tageszeit das natürliche Licht ergänzt werden kann.

3. Sämtliche Bauten müssen während der Nachtzeit und während der Tagesstunden, in denen das natürliche Licht nicht ausreicht, mit genügender künstlicher Beleuchtung versehen sein.

4. Für jede Art der Arbeit muß die Beleuchtung sowohl auf einer horizontalen als auf einer vertikalen Ebene genügend stark sein, unter Zugrundelegung der unter 5) angegebenen Werte. Hierbei muß jede Blendung der Augen der Arbeiter vermieden werden.

5. Die Stärke der künstlichen Beleuchtung soll, auf einer horizontalen Ebene gemessen, die in Tabelle 18 genannten Werte nicht unterschreiten.

Tabelle 18.

Art der Arbeit	Beleuchtungsstärke	
	Minimum	erwünscht
Magazine, Treppen, Gänge .	3 Lux	3—6 Lux
Grobe Arbeiten	15 Lux	15—30 Lux
Feine Arbeiten	40 Lux	40—70 Lux
Besondere Feinarbeiten	—	120—180 Lux

Werden Arbeiten an vertikalen Flächen vorgenommen,
so soll die auf diesen Flächen gemessene Vertikalbe-
leuchtung die Hälfte der in Tabelle 18 genannten Werte
nicht unterschreiten.

6. Lichtquellen und Maschinen müssen so zueinander angeordnet werden, daß weder Riemen, noch andere Hindernisse
oder wichtige Teile im Schatten liegen. Das Licht ist so zu
verteilen, bzw. so zu zerstreuen, daß auf der Arbeit keine
scharfen Kontraste zwischen Licht und Schatten entstehen.

7. Jede Beleuchtungsanlage einer Arbeitsstätte muß regelmäßig nachgesehen und instand gehalten werden.
Die Bestandteile der Beleuchtungsanlage, wie Fenster, Glühlampen, Glocken und Reflektoren dürfen durch Staub oder
Schmutz keine solche Einbuße an ihrer Wirkung erleiden,
daß die Beleuchtungsstärke um mehr als 20 % unter die
in § 5 angegebenen Mindestwerte sinkt.

8. Wege, Fabrikhöfe, sowie solche Stellen in Fabriken,
die nicht ständig begangen werden, müssen entweder
während der Dunkelheit beleuchtet werden, um Unfälle zu
vermeiden, oder es muß die Beleuchtung an den Zutritts-
stellen zu den betreffenden Wegen und Plätzen von jedem
Arbeiter ein- und ausgeschaltet werden können.

9. Treppen und Gänge müssen mit richtig angeordneten
Reflektoren gleichmäßig und genügend beleuchtet werden,
um Unfälle zu vermeiden.

10. Die Allgemeinbeleuchtung der Arbeitsstätten verdient
den Vorzug gegenüber der Beleuchtung jedes einzelnen
Arbeitsplatzes, da die bei der letztgenannten Beleuchtungsart stets auftretenden dunklen Stellen bei der
Allgemeinbeleuchtung vermieden werden.

11. In größeren Fabrikräumen und Werkstätten ist eine Not-
beleuchtung vorzusehen, die unabhängig von der
Hauptbeleuchtung ist, aber zugleich mit dieser brennen soll.

§ 49. Leitsätze für Fabrikbeleuchtung.

Die Bestrebungen im Ausland, insbesondere in England
und Amerika, die auf eine gründlichere, gesetzliche Regelung
der Fabrikbeleuchtung hinarbeiten, müssen unsere Aufmerk-

samkeit auf diese bis jetzt in Deutschland wenig beachtete
Frage lenken. Allgemeinverständliche Aufklärung weitester
Kreise der Arbeiterschaft dürfte ebenso erforderlich sein wie
technische Belehrung und Beratung der Fabrikleiter, Gewerbe-
inspektoren, industriellen Architekten und Installateure.

Zur Verbreitung in allen Fabriken und Werkstätten hat
Verfasser folgende Leitsätze[54]) in Form eines kurzen Merk-
blattes vorgeschlagen:

Merkblatt für die künstliche Beleuchtung von Fabrik-räumen.

Obgleich es mit den vorhandenen Hilfsmitteln praktisch
nicht möglich ist, die künstliche Beleuchtung, was
Stärke, Richtung, Zerstreuung, Farbe usw. betrifft,
der stets wechselnden, natürliche Beleuchtung gleichzu-
machen, müssen und können doch gewisse Forderungen in
bezug auf die künstliche Beleuchtung gestellt werden. Eine
reichliche und technisch richtige künstliche Beleuchtung stei-
gert die Arbeitsleistung und die Aufmerksamkeit des
Arbeiters, ermöglicht eine bessere Ausnutzung der Maschinen, wirkt der Ermüdung entgegen, schont die Augen
der Arbeiter, verhütet Unfälle durch Sturz, Fall usw.
an schlechtbeleuchteten Stellen, erleichtert die Beaufsichtigung des Betriebes und verbessert die Ordnung und die
Übersicht.

Allgemeinbeleuchtung.

Lichtquellen von hohem Glanz (Bogenlampen, Gasfüllungsglühlampen) sind nur in lichtstreuenden Umhüllungen (Glocken, Armaturen) zu verwenden. Nicht jedes
matte oder getrübte Glas übt hierbei die gleiche Wirkung aus.
Es gibt unvollkommen lichtstreuende Gläser, bei denen
man die Lichtquelle (scharf oder unscharf) immer noch sieht.
Bei vollkommener Lichtstreuung scheint das Licht nur von
der Glocke auszugehen, die Lichtquelle selbst wird unsichtbar.

Die Ansicht, daß durch tiefes Aufhängen der Lichtquellen die Beleuchtung verbessert und verstärkt wird, ist
nicht ohne weiteres zutreffend. Eine Allgemeinbeleuchtung

durch hochhängende Lampen mit guten Reflektoren ist
gleichmäßiger und blendet die Arbeiter weniger.

Weiße Wände und Decken, überhaupt eine helle Umgebung, tragen wesentlich zur Verbesserung der Beleuchtungsverhältnisse bei. Kontraste werden hierdurch verringert, tiefe Schatten aufgehellt.

Arbeitsplatzbeleuchtung.

Man verwende nie eine nackte Lichtquelle zur Arbeitsplatzbeleuchtung. Sie wirft wenig Licht auf die Arbeit
und viel in das Auge, das geblendet wird. Der Reflektor
hat bei der Arbeitsplatzbeleuchtung zwei Aufgaben, die Lichtquelle dem Auge zu verdecken und das Licht nach unten
auf den Arbeitsplatz zu werfen. Beide Aufgaben werden nur
durch tiefe Reflektoren erfüllt, aus denen die Lichtquelle nicht
hinausragt. Der Arbeiter stelle den Reflektor auf seinem
Arbeitsplatz oder an seiner Maschine so ein, daß er nicht in
die Lichtquelle hineinsieht. Das gleiche gilt für den Gebrauch
von Handlampen und beim Ausleuchten von Hohlräumen.

Unterhaltung der Beleuchtungsanlagen.

Beschmutzte, verstaubte und verrußte Lampen-
glocken und Reflektoren sowie alte, geschwärzte Glühlampen verschlucken einen wesentlichen Teil des Lichts. Wie
jedes Werkzeug, bedarf auch die Beleuchtungsanlage regelmäßiger Instandhaltung. Man reinige deshalb Glocken und
Reflektoren regelmäßig und ersetze ausgebrannte Glühlampen
rechtzeitig.

Kapitel XIV.

Die Instandhaltung der Beleuchtungs- anlagen.

§ 50. Der Einfluß der Verschmutzung auf den Wirkungsgrad der Beleuchtungsanlagen.

Eine technische Anlage oder Vorrichtung arbeitet auf die Dauer nur dann einwandfrei und mit gleichbleibendem Wirkungsgrad, wenn sie sachgemäß unterhalten wird. Man beachtet diese Forderung bei Beleuchtungsanlagen kaum, trotzdem sie ebensogut wie Werkzeugmaschinen, Transmissionen, Aufzüge usw. einen Teil der Fabrikeinrichtung ausmachen. Im Gegensatz zu den anderen Geräten uud Maschinen, die stets in gutem, sauberen Zustand erhalten und zu diesem Zweck mindestens einmal in der Woche gründlich gereinigt werden, befinden sich die Beleuchtungsanlagen von den Fenstern und Oberlichtern bis zu den Glühlampen, Glocken und Reflektoren gewöhnlich in einem weniger gepflegten Zustand. Wenn einmal im Jahre die Beleuchtungseinrichtungen nachgesehen und gereinigt werden, hält man diese Instandhaltung schon für ausreichend. Diese Ansicht trifft nicht zu, und es lohnt sich daher besonders für größere Betriebe, eine ständige Beaufsichtigung und regelmäßige Reinigung der Beleuchtungsanlage in kürzeren Zeitabständen durchzuführen.

Nicht umsonst enthält der Entwurf für das englische Fabrikbeleuchtungsgesetz die Bestimmung, daß Fenster sowohl auf der Innen- als auf der Außenseite reinzuhalten sind. Tritt infolge der Verschmutzung der Fenster nur die

Hälfte des natürlichen Lichts in einen Raum ein, so fällt auch der Tageslichtquotient (vgl. § 13) auf die Hälfte, und es steigt die Benutzungszeit der künstlichen Beleuchtung.

Rauch, Ruß, Staub von Gießereien und Schleifereien, Farbnebel, Kohlenstaub, Dämpfe verschiedenster Art setzen sich auf die Fenster ab und bedecken diese oft schon in kurzer Zeit mit einer grauen Schicht, die unter Umständen bis zu 90 % des auftreffenden Lichtes absorbiert. Betrachtet man den blauen oder bedeckten Himmel durch das Fenster, so kann man sich noch über den durch diese Schichten verursachten Lichtverlust täuschen, nicht aber, wenn man durch ein zum Teil geöffnetes oder gereinigtes Fenster ein auf der Innenseite gehaltenes Blatt weißes Papier betrachtet.

Oberlichter mit horizontalen oder geneigten Glasflächen bieten auf der Außenseite dem in der Luft enthaltenen Staub und Ruß günstige Gelegenheit zur Ablagerung dar. Die natürliche Reinigung durch Regen und Schnee ist unvollkommen, und die Bauart des Daches erschwert oft die Reinigung dieser Glasflächen. Schon bei dem Entwurf eines mit Oberlicht versehenen Baues sollte auf die Möglichkeit einer leichten und gründlichen Reinigung gesehen werden.

Noch schwerer ist die Reinigung bei jenen vollständig horizontal verlaufenden Oberlichtern, die durch eine zweite, darüberliegende Fensterfläche geschützt sind. Durch die Lüftungsöffnungen können Staub und Ruß ins Innere des Lichtschachtes dringen, der jedoch für die Reinigung kaum zugänglich ist. Daß diese Oberlichter in bezug auf die Stärke der von ihnen hervorgerufenen Beleuchtung enttäuschen, liegt zum Teil an dieser starken Verschmutzung zweier Glasflächen, durch die das Tageslicht hindurchgeht.

Auch die Wirkung der künstlichen Beleuchtungsanlagen wird im Laufe der Zeit beeinträchtigt durch die Verschmutzung und Verstaubung, die sich sowohl auf die Umgebung (Wände und Decke) als auf die Beleuchtungskörper selbst erstreckt. Das Material, welches über die Abnahme des Wirkungsgrades mit der Zeit vorliegt, ist nicht umfangreich, da es schwer ist, in Fabriken, die sich in Betrieb befinden, die entsprechenden Messungen durchzuführen. Murphy[55] berichtet von einem durch Metallfadenlampen beleuchteten Zeichensaal, in dem die mittlere Beleuchtung durch Abstauben der Reflektoren von 27,8 auf 38,5 Lux, also um 38% stieg. Clewell gibt die in Tabelle 19 dargestellte Übersicht über die Abnahme des Wirkungsgrades der Beleuchtung in verschiedenen Räumen[56]).

Ein interessantes Ergebnis, welches aus dieser Tabelle hervorgeht, ist die geringe Bedeutung, welche die Verschmutzung und die Verstaubung bei den Glühlampen selbst haben. Dagegen führt die Reinigung der Reflektoren eine wesentliche Verbesserung des Wirkungsgrades herbei. Insgesamt hatte die Verstaubung zu Lichtverlusten von 42, 17, 28, 29 und 40% geführt und zwar innerhalb der in der Tabelle angegebenen Anzahl Wochen.

Über den zeitlichen Verlauf der durch die Verschmutzung be-

Tabelle 19.

	Bureauräume		Fabrikräume		
	Niedrig	hoch	niedrig	mittelhoch	hoch
Decke	hell	hell	dunkel	hell	—
Wände	hell	hell	—	hell	dunkel
Arbeitsplätze	Pulte	Pulte	Maschinen	Werkbänke	Werkbänke
Reinigung erfolgt alle .	14 Wochen	17 Wochen	9 Wochen	11 Wochen	13 Wochen
Wirkungsgrade (Ausnutzung des Lichtstroms in %)					
Glühlampen	Reflektoren				
schmutzig	schmutzig	19,7	24,2	22,4	25,0	20,1
rein	schmutzig	20,7	24,9	22,5	27,0	23,6
rein	rein	34,1	29,3	31,2	35,3	33,6

dingter Abnahme des Wirkungsgrades liegen ebenfalls Beobachtungen von Clewell[57]) vor, die in Abb. 116 wiederge-

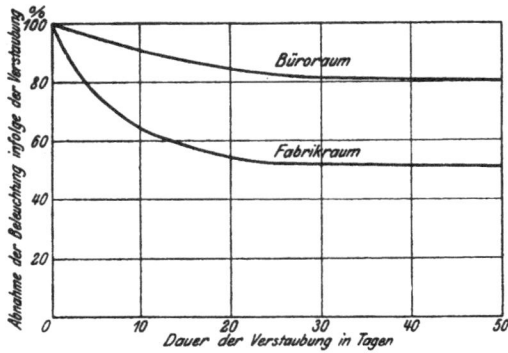

Abb. 116.

geben sind. Der Einfluß der Verstaubung macht sich weit
mehr in dem Fabrikraum bemerkbar als in dem Bureau, da-

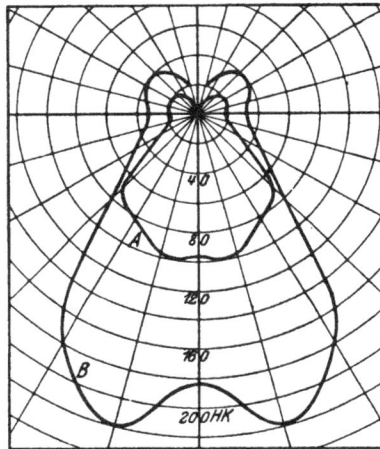

Abb. 117.

gegen scheint in beiden Fällen nach etwa 25—30 Tagen
ein Zustand einzutreten, bei dem keine wesentliche weitere
Abnahme des Wirkungsgrades erfolgt, trotzdem die Verstaubung

an sich nicht aufhört. Dieser Zustand wird z. B. eintreten, wenn die Reflektorflächen soweit verstaubt sind, daß sie selbst überhaupt nicht mehr reflektieren.

Ein Bild von dem Einfluß des Staubes auf die Wirkung von prismatischen Glasreflektoren geben die Lichtverteilungs-

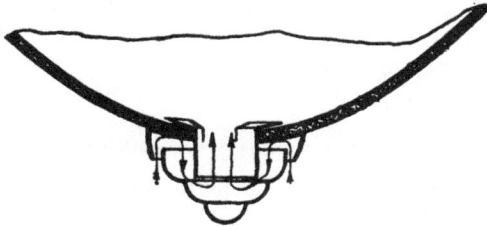

Abb. 118.

kurven eines Holophanreflektors vor (*A*) und nach (*B*) der Reinigung durch Waschen. (Abb. 117.)

Die im Freien hängenden Beleuchtungskörper sind ebenfalls einer starken Verschmutzung unterworfen, und müssen

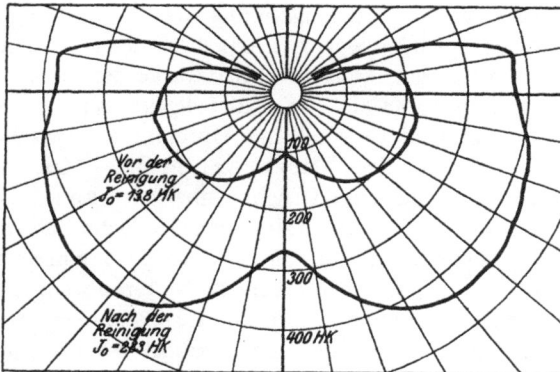

Abb. 119.

deshalb auch häufig gereinigt werden. Staub und Ruß setzen sich nicht nur auf die Aussenseite der Glocken und Reflektoren ab, sondern sie dringen beim Fehlen entsprechender Vorkehrungen in das Innere der Armaturen ein. Da auch Insekten durch die untere Lüftungsöffnung in die Glocken gelangen und sich dort ansammeln, sollte diese durch geeignete Mittel abgeschlossen sein, welche den Eintritt der Luft nicht verhindern. Neben feinmaschigen Drahtgeweben kommen hierfür labyrinthartige Verschlüsse in Betracht. (Abb. 118.) Die Lichtverteilungskurven einer verschmutzten Außenarmatur vor und nach der Reinigung sind in Abb. 119 dargestellt. Der Lichtverlust in der verschmutzten Armatur betrug 61%, nach der Reinigung dagegen nur 20%. Die Lichtausnutzung stieg somit von 39% auf 80%, d. i. auf mehr als das Doppelte.

§ 51. Die Schwärzung der Glühlampen.

Zu den Vorgängen, die im Laufe der Zeit den Wirkungsgrad der Beleuchtungsanlagen verringern, gehört auch die Schwärzung der Glühlampen. Sie ist die Folge der allmählichen Zerstäubung des glühenden Leuchtkörpers. Kohle oder Wolfram, je nach der Lampenart, setzen sich allmählich auf die Innenseite der Glasglocke als grauschwarze Schicht ab und schwächen den ausgestrahlten Lichtstrom. Die Wirtschaftlichkeit der Glühlampe geht dabei soweit zurück, daß es nicht ratsam ist, den Augenblick des vollständigen Versagens der Lampe abzuwarten. Oft brennt der Leuchtfaden der Lampe erst durch, wenn die Lichtstärke der Lampe durch Schwärzung um mehr als 50% zurückgegangen ist.

Man unterscheidet deshalb bei Glühlampen zwischen der Lebensdauer und der Nutzbrenndauer. Die Lebensdauer ist die Zeit bis zum Durchbrennen des Leuchtkörpers, die Nutzbrenndauer die Zeit bis zu jenem Grade der Schwärzung, bei dem es vorteilhafter ist, die Glühlampe gegen eine neue auszuwechseln, als die geschwärzte weiterzubrennen. Bei welcher Lichtstärkeabnahme die Nutzbrenndauer ihr Ende erreicht, hängt von den Erneuerungskosten und von dem Wirkungsgrad der Glühlampe ab, sowie von dem Preis der elektrischen Arbeit. Für Einzelheiten wird auf die Arbeiten von Bloch[58]) und Berninger[59]) verwiesen. Im allgemeinen ist die Nutzbrenndauer erreicht, wenn die Lichtstärke um 20% gegenüber dem Anfangswert gesunken ist.

Nach Ablauf der Nutzbrenndauer, die bei normaler Beanspruchung 1000—1200 Stunden beträgt, müssen die Glühlampen aus dem Betrieb herausgenommen werden. Das zu den Lampen verwendete Material hat einen zu geringen Wert, um die Wiederverwendung zu rechtfertigen. Aus diesem Grunde haben auch die sog. Glühlampenerneuerungs- werke, welche die Schwärzung beseitigen und neue Fäden einsetzen wollten, keine Erfolge gehabt.

Bei den großen Gasfüllungslampen wird zwar eben- falls eine Nutzbrenndauer bis zu 1000 Stunden und darüber erzielt, doch kommt es häufig vor, daß der Leuchtkörper durchbrennt, ehe die Lichtstärke um 20 % gefallen ist. Die Nutzbrenndauer der Gasfüllungslampen ist außerdem um so geringer, je kleiner sie sind. Etwaige Ausnahmen werden nur auf Kosten der spez. Lichtausbeute erzielt, denn bei der Gasfüllungslampe ist, wie bei der Vakuumlampe, die Nutzbrenn- dauer, ebenso wie die Lebensdauer, in hohem Maße abhängig von der Belastung der Lampe, d. h. von der Temperatur des Leuchtkörpers. Dieser zerstäubt um so rascher, je höher seine Glühtemperatur ist. Von der Temperatur hängt aber wieder der Wirkungsgrad bezw. die spez. Lichtausbeute ab.

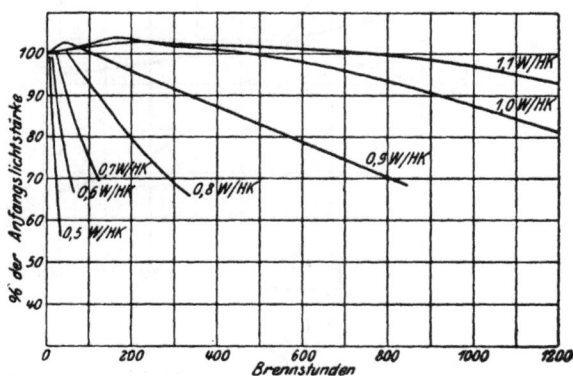

Abb. 120.

Abb. 120 nach Libesny[60]) gibt die Abnahme der Licht- stärke bei verschiedener Belastung der Metalldrahtlampen. (in Watt/HK$_{hor}$) wieder.

12*

Der Zusammenhang zwischen Spannung, spez. Wattverbrauch und Nutzbrenndauer ist in Abb. 121 dargestellt.
Die entsprechenden Kurven für Gasfüllungslampen haben
einen ähnlichen Verlauf.

Die besondere Bedeutung der Anwendung von Glühlampen für die richtige Spannung geht aus obigen Aus-

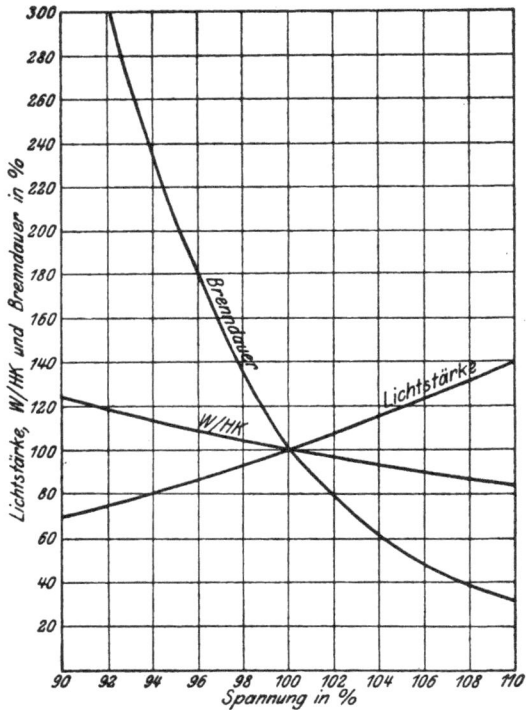

Abb. 121.

führungen hervor. Verwendet man Glühlampen, die für
eine höhere Spannung als die Netzspannung bestimmt sind,
so ist ihre Lichtstärke geringer, als ihrer Bezeichnung entspricht. Die längere Brenndauer wird außerdem auf Kosten
eines höheren spez. Wattverbrauchs erkauft. Glühlampen
für eine kleinere Spannung als die Netzspannung geben

zwar eine **mehr** als normale Lichtstärke, werden jedooh rasch
schwarz und haben nur eine **kurze** Brenndauer, die häufige
Auswechslung erforderlich macht,

Es gibt bis jetzt noch kein einfaches Photometer, welches
an jedem Ort die Nachprüfung von Glühlampen verschiedenster
Art gestattet. Es kommt hier höchstens der Glühlampen-
prüfer von Herrmann[61]) in Betracht, der jedoch nicht für
größere Lampen geeignet ist.

Wird jedoch dem mit dem Auswechseln beauftragten
Arbeiter eine Anzahl von Lampen zur Verfügung gestellt,
die eine Lichtabnahme von 20 % zeigen, so wird er bei
anderen Lampen bald mit genügender Sicherheit das Ende
der Nutzbrenndauer feststellen können. Die auf der Außenseite gut gereinigte Glühlampe zeigt in der Durchsicht den
Grad der Schwärzung am besten mit einem weißen Papier
oder einer weißen Emailplatte als Hintergrund. Man kann
diesen Hintergrund auch, um die Beurteilung der Glühlampe

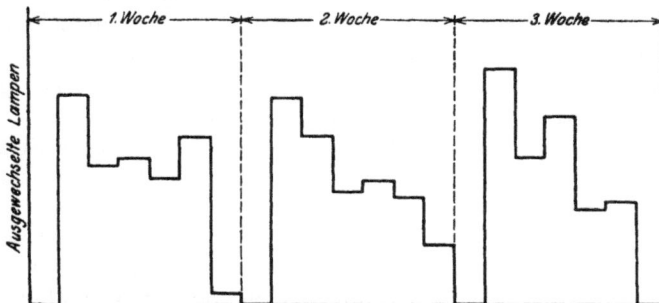

Abb. 122.

zu erleichtern, mit einer graugefärbten Stelle versehen,
die etwa 50—60 % (wegen des zweifachen Durchganges
durch die Glaswand der Glühlampe) des Lichtes reflektiert,
welches von der weißen Fläche zurückgeworfen wird. Jede
Glühlampe, die dunkler erscheint als diese graue Stelle, muß
unbedingt ausgewechselt werden.

Werden die geschwärzten und die durchgebrannten Glühlampen nicht regelmäßig ausgewechselt, so geht infolge dieser

Vernachlässigung die Güte der Beleuchtung rasch zurück. In vielen Betrieben läßt diese Kontrolle der Glühlampen sehr zu wünschen übrig. Wie wichtig sie jedoch ist, zeigt die ebenfalls von Clewell stammende Darstellung der erneuerten Glühlampen in einem größeren Werk. (Abb. 122.) Die Zahl der an den Montagen ausgewechselten Glühlampen erreicht eine besondere Höhe, da am Samstag kein Rundgang zur Ermittlung ausgebrannter Lampen gemacht wird, und die Auswechslung sich daher nur auf die unbedingt erforderlichen Lampen beschränkt.

§ 52. Maßnahmen zur Instandhaltung der Beleuchtungsanlagen.

Die Verstaubung der Beleuchtungskörper und die Schwärzung der Glühlampe sind eine nicht zu unterschätzende Verlustquelle. Wird eine Beleuchtungsanlage nicht sachgemäß unterhalten, so ist mit einer Verringerung der Beleuchtung zu rechnen, die zwischen 20 und 40 % liegt, die aber bei besonders staubigen und schmutzigen Betrieben auch Werte von 50—80 % erreichen kann. Die derart verringerte Beleuchtung wird entweder den Anforderungen nicht genügen und zur Anbringung weiterer Lichtquellen nötigen. Genügt sie aber wohl, so ist das ein Zeichen, daß bei regelmäßiger Reinigung auch kleinere Lichtquellen eine ausreichende Beleuchtung ergeben hätten.

Wird die Reinigung und Instandhaltung einer Beleuchtungsanlage systematisch durchgeführt, so läßt sich entweder eine Stromersparnis erzielen, die man bei vorsichtiger Schätzung mit rund 20 % annehmen darf, oder es kann die Beleuchtung entsprechend erhöht werden. Es ist hierzu erforderlich, daß die Reinigung in regelmäßigen, den Verhältnissen angepaßten Abständen[62]) erfolgt, daß sie sich auf alle Teile der Beleuchtungsanlage erstreckt und daß sie sachgemäß durchgeführt wird. In Werkstätten mit starker Schmutz- und Staubentwicklung wird man z. B. einen Zeitabstand von vier Wochen nehmen, wobei bestimmte Teile, wie Reflektoren an Schleifmaschinen u. dgl. noch häufiger, etwa jede Woche, zu reinigen sind. In anderen Werkstätten mag eine alle 3 Monate vorzunehmende

Reinigung genügen. In den Räumen, in denen während des Sommerhalbjahres nur ausnahmsweise künstliches Licht gebraucht wird, kann man von der Reinigung solange absehen. Legt man die Zeitabstände so fest, daß sie in ganzzahligen Verhältnissen zueinander stehen, so werden die mit der Reinigung und Instandhaltung beauftragten Arbeiter ständig beschäftigt sein. Es ist wichtig, daß diese Arbeiten nicht einem Hilfsarbeiter nebenher übertragen werden, sondern daß man richtig eingearbeitete Kräfte verwendet. Schon bei mittelgroßen Betrieben hat ein Arbeiter mit der Instandhaltung der Beleuchtungsanlage ständig zu tun. Die Vereinigung mit dem Glühlampenersatz ist zweckmäßig, sonst müßten z. B. Armaturen mit Glocken zweimal geöffnet werden, zum Nachsehen der Glühlampen und zur Reinigung der Glocken. Bei der Bedienung der Bogenlampen ist es auch üblich, daß das Einsetzen neuer Kohlenstifte mit der Reinigung der Glocken und anderer Teile vereinigt wird.

Glasglocken und die meisten Reflektoren können in Wasser gereinigt werden. Trockenes Abreiben ist zeitraubender und reinigt weniger gründlich. Neben der Bürste können bei fettigem Schmutz ev. Seife oder andere Lösungsmittel verwendet werden. Bei trockenem Staub genügt mehrmals gewechseltes Wasser. Nach dem Waschen läßt man die Teile auf geeigneten Holzgestellen abtropfen und reibt sie dann mit Tüchern nach.

Diese rationelle Reinigung läßt sich nur an einer dafür eingerichteten Stelle durchführen. Die schmutzigen Glocken und Reflektoren werden deshalb abgenommen und auf einen geeigneten Wagen gesetzt. Gereinigte Teile gleicher Art, eventuell auch Lampen, die auf dem Wagen mitgeführt sind, werden dann sofort an Stelle der verschmutzten angebracht. Der Wagen kehrt schließlich mit den schmutzigen Glocken und Reflektoren in den Reinigungsraum zurück.

Eine Kontrolle über die regelmäßige Reinigung der Beleuchtungskörper und über die erneuerten Glühlampen ist erforderlich. Sie wird am besten an Hand eines Kartenregisters durchgeführt und liefert zugleich eine Übersicht über die Kosten der Reinigung.

Je nach den Entfernungen und den vorhandenen Hilfsmitteln kann ein Mann täglich 30—50 Beleuchtungskörper
reinigen. Clewell erwähnt als durchschnittliche Kosten 0,12 M.
Nach Harrison[63]) reinigte ein Mann im Laufe von 3 Wochen
(bei M. 5,00 Taglohn) etwa 1300 Beleuchtungskörper verschiedenster Art, die über 70 Geschäftshäuser verteilt waren. Die
Kosten einer einmaligen Reinigung stellen sich dabei auf etwa
0,07 M.

Bei zweckmäßiger Organisation werden die Kosten der
Reinigung durch die erzielte Stromersparnis reichlich gedeckt.

Literaturverzeichnis.

Bei den Zeitschriften-Literaturstellen, die nur durch Zahlen angegeben sind, bedeutet die erste Zahl den Band, die letzte Zahl das Jahr des Erscheinens, und die dazwischenliegende Zahl (bzw. Zahlen) die Seite (bzw. Seiten) des betreffenden Bandes.

[1]) ETZ 37. 653. 1916.

[2]) Proc. A. l. E. E. 32. 41. 1913, Gewerbeblatt aus Württ. 1913, Nr. 39—41, S. 322 ff.

[3]) 1st Report Departmental Committee on lighting of factories and workshops, London 1915, Vol. I, S. XIII.

[4]) Uhthoff, in Weyls Handbuch der Hygiene, Leipzig 1913, Bd. IV, Abt. 2, S. 107. Richtmyer und Howes. Trans. Ill. Eng. Soc. 11. 100. 1916.

[5]) Halbertsma, E.T.Z. 37. 695. 1916.

[6]) E.T.Z. 37. 523. 1916.

[7]) 1st Report on lighting of factories etc. S. 37.

[8]) Weyls Handbuch der Hygiene, Leipzig 1914, Bd. VII. Abt. 3, S. 255

[9]) Simons, E.T.Z. 38. 453. 1917.

[10]) Trans. Ill. Eng. Soc. 10. 187. 1915. Licht und Lampe, 1915, S. 355.

[11]) Trans. Ill. Eng. Soc. 11. 1. 1916.

[12]) Uppenborn-Monasch, Lehrbuch der Photometrie, 1912, S. 42.

[13]) Journ. f. G. u. W. 60. 651. 1917; Z. f. Bel. 23. 138. 1917,

[14]) Weyls Handbuch der Hygiene 1913, Bd. IV, Abt. 2, S. 115.

[15]) Weyls Handbuch der Hygiene 1913, Bd. IV, Abt. 2, S. 154.

[16]) Trans. Ill. Eng. Soc. 9. 307. 1914 (mit ausführlichem Literaturverzeichnis).

[17]) E.T.Z. 29. 777. 1908.

[18]) E.T.Z. 29. 779. 1908.

[19]) Trans. Ill. Eng. Soc. 9. 472. 1914.

[20]) E.T.Z. 35. 201. 1914.

[21] Journ. Am. Soc. Mech. Eng. Febr. 1911. Z. d. Bay. Rev.-Vereins 16, 190, 1912.

[22] Trans. Ill. Eng. Soc. 9. 459. 1914; » » » » 10. 868. 1915.

[23] Ill. Eng. (Lond.) 7. 448. 1914.

[24] 1st Report on lighting of factories, etc. 1915. S. 22.

[25] Grundzüge der Beleuchtungstechnik, Berlin, 1907. S. 17.

[26] Halbertsma, Lichttechnische Studien, Leipzig 1916, S. 6.

[27] Sharp, Trans. Ill. Eng. Soc. 9. 598. 1914.

[28] Salomon, E.T.Z. 36, 216, 1915; Halbertsma, E. u. M. 34. 413. 1916.

[29] Z. f. Bel.-W. 21, 91, 1915.

[30] Halbertsma, Lichttechnische Studien, 1916, S. 63.

[31] Z. f. Bel.-W. 20. 221. 1914.

[32] Halbertsma, E.T.Z. 38. 482. 1917.

[33] Halbertsma, Journ. f. G. u. W. 60. 651. 1917.

[34] Lichtt. Studien, S. 16.

[35] Halbertsma, Elektrizität 25. 306. 1916.

[36] Dr.-Ing. Schneider & Co. D.R.P. 291460.

[37] Dr.-Ing. Schneider & Co. D.R.P. 302326.

[38] Österr. Patent 46811.

[39] Heyck, Z. f. Bel.-W. 22. 167. 1916.

[40] Factory lighting, New York, 1913, S. 140.

[41] Schanzenbach & Co., D. R. P. 229385.

[42] Trans. Ill. Eng. Soc. 8, 40, 1913. Zeitschrift für Sinnesphys. 49. 59. 1916.

[43] P. S. Millar, Trans. Ill. Eng. Soc. 5. 546, 653. 1910; 10. 1039. 1915.

[44] Grundzüge der Beleuchtungstechnik, Berlin, 1907. S. 132.

[45] D. R. P. 290015 von Dr.-Ing. Schneider & Co.

[46] Heyck, Z. d. V. d. I. 61, 625, 1917.

[47] Zeidler, Die elektrischen Bogenlampen, Braunschweig 1905. Bloch, Grundzüge der Beleuchtungstechnik, Berlin 1907. Högner, E. T. Z. 31. 234. 1910. Siehe auch Uppenborn-Monasch, Lehrbuch der Photometrie, München 1912, S. 140—170.

[48] Grundzüge der Beleuchtungstechnik, S. 133.

[49] Monasch, E. T. Z. 31. 807, 840. 1910.

[50] Factory lighting, S. 26.

[51] Trans. Ill. Eng. Soc. 11. 67. 1916.

[52]) First Report of the Departmental Committee on Lighting in Factories and Workshops, 3 Bde., London 1915. Z. f. Bel.-Wesen 24. 1, 21. 1910.

[53]) Trans. Ill. Eng. Soc. 10, 605. 1915.

[54]) Halbertsma, El. Anz. 34, 823. 1917.

[55]) Trans. A. I. E. E. 31/I. 359. 1912.

[56]) Trans. A. I. E. E. 31/II. 1264. 1912.
Factory lighting, S. 46.

[57]) Factory lighting, S. 48.

[58]) ETZ. 33. 791. 1912.

[59]) El. u. Masch.-Bau, 34. 197. 1916.

[60]) ETZ. 30. 774. 1909.

[61]) Uppenborn-Monasch, Lehrbuch der Photometrie 1912 S. 371.

[62]) Kegerreis, El. World. 69. 1008. 1917.

[63]) El. World. 59. 317. 1912.

Namen- und Sachregister.

Verlag von R. Oldenbourg in München und Berlin

Soeben erschien:

Grundlagen, Ziele und Grenzen der Leuchttechnik
(Auge und Lichterzeugung)

von

OTTO LUMMER

o. ö. Professor an der Universität Breslau und Direktor des Physikalischen Instituts

Neue und bedeutend erweiterte Auflage der „Ziele der Leuchttechnik" 1903

XV u. 262 Seiten Lex.-Format. Mit 87 Abbild. im Text und 1 Tafel

Preis geheftet M. 12.50, gebunden M. 14.—

INHALTSÜBERSICHT:

Das vorliegende Buch nennt sich zwar eine neue und bedeutend erweiterte Auflage der 1903 erschienenen Schrift „Ziele der Leuchttechnik", da sein Umfang aber von 112 Seiten auf 252 Seiten eines größeren Formates gewachsen ist, so ist eigentlich ein ganz neues Buch entstanden. Trotz dieser starken Erweiterung ist ihm aber der Charakter einer Monographie gewahrt geblieben; es zu einem Lehrbuch umzugestalten, war nicht die Absicht des Verfassers. Mit diesem Buche werden die in Frage kommenden Probleme einem gewissen Abschluß zugeführt; in bezug auf die Ziele der Leuchttechnik wird kaum noch etwas Neues vorzubringen sein. „Jetzt hat," so sagt der Verfasser im Vorwort, „wieder für längere Zeit die Technik das Wort. Möchte es ihr gelingen, der vorausgeeilten wissenschaftlichen Forschung recht bald nachzukommen". Die Forschung ist der Quell, aus dem Technik und Industrie neue Säfte und Kräfte ziehen, und dem innigen Zusammenarbeiten unserer Technik mit der Wissenschaft verdankt die deutsche Industrie ihren Weltruf.

Verlag von R. Oldenbourg in München und Berlin

HANDBUCH
DER GASTECHNIK

Unter Mitarbeit zahlreicher hervorragender Fachmänner
herausgegeben von

Dr. E. SCHILLING   Dr. H. BUNTE

Neubearbeitung und Erweiterung des zuletzt im Jahre 1879
in 3. Auflage erschienenen Handbuches der Steinkohlengas-
Beleuchtung von Dr. N. H. Schilling

Ein Bild von dem, was dieses Handbuch anstrebt, geben die folgenden Überschriften der in Aussicht genommenen zehn Bände, die auch einzeln käuflich sind; Band VI, VIII und X sind bereits erschienen.

I. **Geschichtlicher Überblick über die Entwicklung der Gastechnik. — Die wissenschaftlichen Grundlagen der Gastechnik.**

II. **Untersuchungsmethoden der Gastechnik.**

III. **Die Öfen zur Steinkohlengasbereitung.**

IV. **Die Nebenprodukte der Gasbereitung, deren Verwertung und Verarbeitung. — Fortbewegung, Aufspeicherung und Druckregelung des Gases.**

V. **Gaswerksbau.**

VI. **Verteilung, Messung und Einrichtung des Gases.** (Im April 1917 erschienen.) Näheres siehe nebenstehend.

VII. **Die Steinkohlengasbeleuchtung.**

VIII. **Das Gas als Wärmequelle und Triebkraft.** (Im Januar 1916 erschienen.) Näheres siehe nebenstehend.

IX. **Die Kokereien als Gasanstalten. — Herstellung und Verwendung sonstiger technischer Gasarten.**

X. **Die Organisation und Verwaltung von Gaswerken.** (Im Juli 1914 erschienen.) Näheres siehe nebenstehend.

Die Ausgabe der einzelnen Bände erfolgt nicht in der Reihenfolge I bis X.

Verlag von R. Oldenbourg in München und Berlin

HANDBUCH DER GASTECHNIK

Bisher liegen vor:

Band VI:

Verteilung, Messung und Einrichtung des Gases

Bearbeitet von
F. Kuckuk, G. Kern, G. Schneider, W. Eisele

VII und 308 Seiten Lex.-8° mit 233 Textabbildungen
Geheftet M. 18.50, gebunden M. 20.—

Band VIII:

Das Gas als Wärmequelle und Triebkraft

Bearbeitet von
F. Schäfer, P. Spaleck, A. Albrecht, Joh. Körting, A. Sander

VI und 250 Seiten Lex.-8° mit 279 Textabbildungen
Geheftet M. 14.—*, gebunden M. 15.—*

Band X:

Die Organisation und Verwaltung von Gaswerken

VIII und 183 Seiten Lex.-8° mit 29 Textabbildungen
Geheftet M. 9.—*, gebunden M. 10.—*

Band IX:

Die Kokereien als Gasanstalten Herstellung und Verwendung sonstiger technischer Gasarten

wird im Herbst des Jahres 1918 erscheinen.

* Zu den genannten Preisen kommt noch ein Kriegszuschlag von 20 %.